新手父母轻松育儿

——著名专家破解60个常见育儿问题

许登钦　著

青岛出版社

QINGDAO PUBLISHING HOUSE

图书在版编目（CIP）数据

新手父母轻松育儿：著名专家破解 60 个常见育儿问题 / 许登钦著 .
— 青岛：青岛出版社，2016.1
ISBN 978-7-5552-3234-6

Ⅰ . ①新… Ⅱ . ①许… Ⅲ . ①婴幼儿—哺育—基本知识 Ⅳ . ① TS976.31

中国版本图书馆 CIP 数据核字（2015）第 277570 号

原著作名：《新手父母轻松育儿没烦恼！人气小儿科医师许登钦为你解答 60 个常见的育儿问题》
原出版社：凯特文化
作者：许登钦
i. 中文简体字版 ©2015 年，由青岛出版社有限公司出版。
ii. 本书由凯特文化正式授权，经由凯琳国际文化代理，由青岛出版社有限公司出版中文简体字版本。非经书面同意，不得以任何形式任意重制、转载。
山东省版权局著作权合同登记号　图字：15-2015-164 号

书　　名	**新手父母轻松育儿——著名专家破解 60 个常见育儿问题**	
作　　者	许登钦	
出版发行	青岛出版社	
社　　址	青岛市海尔路 182 号（266061）	
本社网址	http://www.qdpub.com	
邮购电话	0532-68068026	
责任编辑	江伟霞　E-mail：wxjiang1206@163.com	
装帧设计	林文静	
照　　排	青岛双星华信印刷有限公司	
印　　刷	青岛乐喜力科技发展有限公司	
出版日期	2016 年 1 月第 1 版　2016 年 1 月第 1 次印刷	
开　　本	16 开（710mm×1000mm）	
印　　张	14.25	
字　　数	170 千	
书　　号	ISBN 978-7-5552-3234-6	
定　　价	29.00 元	

编校质量、盗版监督服务电话 4006532017 0532-68068670
印刷厂服务电话：0532-89083828　　13953272847

推荐序

儿童是国家的未来与命脉,政府对儿童健康一直都非常重视。因为社会经济的发展、医药卫生的进步,儿童的健康跟以往比起来有大幅的提升,例如婴儿死亡率从 1970 年的 16.9‰ 降至 2006 年的 4.6‰。婴幼儿的存活率提高了,我们就更要注意儿童的身体健康、生活质量及心理发展,尤其在 21 世纪儿童的健康还面临很多新的挑战。

以往每名妇女生育子女的总数有四名以上,从 1990 年代以后就急遽滑落,目前每名妇女生育率为 1.12 名子女,代表现在中国少子化非常严重。

投入职场的妇女越来越多,从 1980 年代的 39.3% 到现在的 48.1%,致使晚婚现象愈来愈普遍,男女初婚年龄由 27.6 岁及 23.8 岁,到 2012 年变成 31.9 岁及 29.5 岁,愈晚结婚就愈晚生育或减少生育,这对我们下一代孩子的质与量也有直接的影响。

更值得注意的是离婚率也渐渐提高,从以往每千对夫妻离婚率为 0.8,到现在约 2.7‰,所以我们的孩子在单亲家庭中长大的比例高达 7.7%。这些问题使得家长对孩子的健康及对孩子的照顾充满不确定感,更让大家压力大到不敢生小孩。

许登钦医师适时地扮演了解除家长焦虑、安抚家长心情的角色。这一本好书,希望能提供正确的观念给家长参考,以减少大家的担心。

许医师是我的学生,从他还是学生,到投身我建立的长庚儿童医院做小儿科住院医师、总医师,直到主治医师,一路走来,我感觉到了他对专业的专注,更感觉到了他对病患及家属的爱心。

本书详载了新手父母所有想要知道的讯息,包括新生儿要怎么照顾、婴幼儿要怎么喂食、宝宝在发育过程中会遇到什么重要的问题、小孩子生病了要怎样照顾、现代儿童常见的过敏疾病、比生长更重要的智能发展问题、有关孩子教养问题等。

这是一本内容丰富的育儿书籍，我很恭喜许医师完成了这本书，也很推荐所有的新手家长，都应该拥有这本书，读完之后一定会有很大的收获。

林奏延

林奏延 医师

小朋友口中的林爷爷医师，拥有一头慈祥的白发，最具爱心与亲和力。曾任长庚儿童医院院长、台湾儿科医学会理事长、台湾感染症医学会理事长，现任行政院卫生署副署长、长庚大学医学系教授。是小儿科界的资深前辈医师，极为大家所尊崇。

自　序

投身在小儿科的领域转眼间已经 12 个年头了，从学生时代在大医院学习开始，照顾的多是病情严重的孩子，直到自己身为主治医师以后才是真正面对"日常生活中"的家长与儿童，需要解答的问题是孩子平日"教"与"养"的点点滴滴，这其间的差异是很大的。在这几年我与家长互动的过程中，我发现，出生的孩子少了，每个孩子都是父母的心肝宝贝，为人父母的不但要努力给孩子最好的衣食住行，还要努力从各方摄取养育小孩的知识，街坊邻居、亲朋好友、书籍网络，都是咨询的对象，于是知道的不是不够多，而是弄不清楚信息的对错与真假！我觉得我有责任告诉这么用心的父母们更多、更正确的儿科知识，也应该设法破除大家的育儿迷思。于是写了这本书，期望能将正确的育儿观念分享给所有的爸爸妈妈，让大家轻松育儿，没有烦恼。

我在健儿门诊看诊的时候，发现家长们关心的问题都很类似，例如宝宝喂食的奶量与频率要怎么样才好？大月龄的孩子偏挑食要怎么办？宝宝呼吸道的怪声特多，常常因此带去看医生又吃了不必要的药，该怎么办？宝宝脸上长了各式各样的疹子，热疹、青春痘、脂溢性皮肤炎等等却常被误指为过敏！新生儿正常就是肚子鼓鼓的，家长却担心宝宝是否因胀气而哭闹。这些问题我希望在书中做一完整的描述，新手父母以后就不会再烦恼这些事了。

我发现大多数的家长会注意孩子的身高、体重，但很少注意孩子的"发展"，我在书中也强调了要注意孩子的粗动作发展、精细动作发展、语言发展，以及自闭症和过动症的症状等等，希望有潜在问题的孩子能早一点被发现，早一点接受治疗！

你会发现我在文章中苦口婆心地请大家好好思考，小朋友生病时该怎么吃药，因为我看到太多只为生意不为孩子健康着想的处方笺，其实我是很难过的，孩子感冒需要吃那些药吗？孩子发烧时要怎样才不会紧张乱投医呢？你知道儿科的小病人们生病时有九成是不必使用抗生素的吗？你可知道这样用下去，对全国儿童将会是一个灾难吗？所以我恳请你仔细阅读我在孩子生病了该怎么照顾的章节里所提到的观念，回过头来审视我们给孩子吃的是什么药，有没有必要。事实上药物不能解决孩子的病，用心才是关键。

　　过敏的问题也深深困扰着家长们，文中我引用最新的研究数据来告诉你要如何处理孩子的过敏症，以及提供最新的预防与保养之道。最后一章节的内容也是我最在意的，就是亲子关系与教养的问题。因为社会形态的改变，大多数的家庭是双薪小家庭，父母与子女每天相处的时间短暂，这就衍生了亲子之间情感联结的问题。随着3C产品的侵入我们的生活，可能使得亲子关系更为疏离、更多冲突；陪伴孩子长大，我们做父母的也要成长，因为亲子关系是维系孩子自信、品格、价值观……一切的基础。我在文中也写到要如何增进亲子关系与手足情感，相信能对你的家庭关系有些启发。

　　花了一年的时间，撰写了这本近十万字的医疗照顾及教养书，若能帮助你看了之后，在有正确的观念支持之下，更能以放松的心情享受这段养儿育女的人生历程，这就是我在此深切的期望与祝福了！

许登钦 医师

目录
Contents

饮食篇 小儿饮食问题多

养育篇 养育观念要正确

疾病篇 疾病照护有方法

过敏篇 关于过敏三二事

教养篇 孩子教养是关键

家有新生命降临

新生儿初到来有什么注意须知

宝宝从医院返家后一定会让家里洋溢着一股幸福喜乐的气氛，但新生儿总是会让爸妈手忙脚乱，因为他那么小，要很谨慎地把他抱在怀里、捧在手心，好像稍不留神就会把他打破似的。所以宝宝的一举一动随时都牵动着父母的心，爸妈的眼睛也是一刻都不敢离开孩子，所以举凡宝宝的呼吸、活动、饮食、排便、哭泣、睡觉等，父母多希望能跟宝宝心灵相通，知道他在想些什么、需要些什么。本章节替大家详解照护新生儿容易遇到的状况，相信大家看了这个章节之后一定能大有收获，知道宝贝真正的需要，拥有正确的育儿观念。

你知道吗？
每位新生儿都可以免费做听力筛查

◎小儿听力障碍莫轻忽

新生儿出生后,父母最关心的莫过于宝宝是否健康,但新生儿先天性听力受损发生率其实就高达千分之三。以台湾地区一年有二十万个新生儿来计算,每年诞生的听力异常宝宝就有六百个之多,各位家长千万不可轻忽。这些孩子如果尽早接受治疗,将来他们的听觉、语言能力发展就可以接近正常人,这样日后这些孩子才能够进入普通学校就读,也更能够融入社会,长大后不管是在人际关系上或是在求职就业上都能得到与正常人一样公平的待遇。

研究发现,双侧听力受损的婴儿如果到六个月以后才诊断出来,在语言发展将会比一般人迟缓;如果拖到三岁以后一直都没有接受语言刺激的话将会造成永久听觉发展障碍。

◎出生三个月是关键期

有鉴于此,国家决定将新生儿的听力筛查调整为全面免费,筛查是用自动听性脑干诱发电位反应仪的方式做检查,原理很简单,就像是给小宝宝戴上小耳机,放出滴答声,通过接收器显示出来的脑波就可以马上看出宝宝的听觉回路是否正常,大约 20 分钟就检测完毕并可得知结果了。此项筛查准确度很高,可以判读出九成以上的听力异常宝宝,而且只要在新生儿出生后 24 小时就可以施行。各大医疗院所都有提供这项服务喔!

每个新生儿都应该在三个月大前诊断出是否有听力受损,有听力异常的宝宝都必须在六个月大前接受适当的治疗才可以;属于听损高危险群的新生儿,更要特别注意! 例如有听损家族史的孩子、先天性子宫内感染的新生儿、出生体重小于 1500 克、使用呼吸器很长一段时间的早产儿、出生时有缺氧情形、出生后黄疸高到需要换血的程度、颅颜外观异常的孩子等等。另外有些后天因素也会造成听力损伤,例如得细菌性脑膜炎,或是反复中耳炎及中耳积水等状况,都要特别留意有没有影响到听力。还有一个常被忽略的是:宝宝的主要照顾者是聋哑人士,这些孩子因为接受语言的刺激很少,所以也是属于语言发展迟缓的高危险群,必须要及早寻求社会资源来帮助这样的孩子。

◎寻求专业治疗

有一些小朋友出生时并没有做过听力筛查,家长也不确定孩子有没有听力问题,到了长大的时候才发现他看电视要开很大声、讲话时也很大声、叫他要叫好几遍他才听见、对声音的来源搞不清楚、听电话喜欢用特定一边耳朵听、后来甚至有语言发展迟缓的情形等等不正常的表现,如果有这些情况一定要带小朋友到大医院做进一步检查才可以! 诊断为听力异常的宝宝下一步就要接受治疗,依孩子听损的程度及单耳或双耳,可以给予听能复健,佩戴助听器或装置人工电子耳等等,使他们日后求学及工作能像正常人一样!

出生一星期就解血尿，难道是有什么疾病？

◎尿酸结晶并非血尿

这个情形多半发生在宝宝出生的第一周，首先请家长不用着急，这其实是一个小小的误解。仔细看，那红色的"血尿"，其实是橘红色像砂子一样的东西。

如果你有兴趣，可以把这包"血尿"放到冰箱里去，等它完全干燥之后再拿出来看，就是一粒一粒细细的结晶物，这其实是尿酸的结晶。

在正常的状况下尿酸可以从肾脏被过滤出来，被滤出的尿酸有98%在近端肾小管会再被回收至血液中，只有2%会被从尿液排泄出去；但新生儿肾小管功能还不成熟，无法回收大部分的尿酸，使得宝宝排出的尿液中含有高浓度的尿酸，这时候如果尿中的水分也偏少的话，自然尿酸就会结晶出来了。

◎肾功能尚未成熟

在宝宝出生的第一周往往吃得不多，尿量自然偏少，所以就容易出现结晶尿，这是常见的现象。这不代表宝宝有脱水的情形，只要慢慢把奶量增加上去，等宝宝的肾功能日渐成熟后，就不会有这种现象了。

　　真正的血尿其实在肉眼看起来并不是鲜红色的,而是像茶一样的颜色。新生儿如果会血尿,多半是发生严重的疾病,例如出生不顺利,新生儿缺氧休克后引起肾小管坏死、肾静脉栓塞的问题,或婴儿有先天性肾脏结构异常,例如多囊肾、肾肿瘤的情形。

　　另外,大一点的孩子当发生尿道感染、尿路结石或肾丝球肾炎的时候也都会有血尿。这些状况在正常的健康宝宝身上是一定不会发生的,各位家长不要太担心!

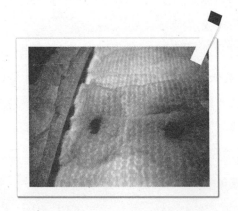

尿酸结晶不是血尿,家长不必过度担心!

幼儿健康检查不是只有打打预防针而已！

◎ 健检到底检查什么？

我的健儿门诊因为是在假日的缘故，不必上班的家长的确要花不少时间在候诊上面。曾经有两种极端的情况令我不知道该如何回答才好——一种是家里的老人问："不是就打针嘛，怎么还要看半天，怎么不赶快给他打一打就好了？"另一种则是新手爸妈在我帮他们的宝宝从头到脚仔细检查过后问："啊？这样就好了？怎么没有做超声波？"

其实儿童预防保健提供的服务包括身体检查、发展评估、问诊等项目，打针只是附带的一个项目，并不是最重要的部分。到医院就诊并不是只是为了打个预防针而已，更重要的是宝宝的身体检查及发展评估。

医师在做检查的时候主要是用视诊、听诊、触诊，还有医师自己的经验替小朋友检查他的一般外观、皮肤、头、眼、耳、鼻、口腔、颈部、心脏、腹部、生殖器、肛门、四肢及髋关节等等，并不需要靠 X 光或超声波等仪器。当然，如果医师在做身体检查的时候有发现异常，需要借助仪器做确认的时候，他就会再安排进一步的检查。

我要强调的是，照顾小婴儿除了注意他的身高、体重、头围等生长状况以外，其实更重要的是他的发展是否正常。

我们可以把婴幼儿发展分成四个大项：1. 粗动作；2. 精细动作；

3.语言；4.人际关系。以下列出一些重要的项目给大家参考,可以帮自己的宝宝做检查:

粗动作	
一个月	平躺或俯卧身体不完全贴地。
两个月	扶着胸部可坐起来,俯卧抬头45度。
四个月	扶着腰部可坐起来,趴着时可用双肘撑地将头抬离地面,练习翻身。
六个月	平躺握住婴儿的双手拉坐起来,婴儿的头不会一直后仰,坐着时自己用两手撑住地板可以不倒;大人扶着腋下,婴儿可以站得很挺,而且双脚还可动来动去,手臂关节或脚踝关节不会有僵硬的感觉。
一岁	拉到物体可以自己站起来,扶着家具可以移步,放手可以站一下,将要跌倒时会伸出手保护自己,大部分时候走路时都不会踮脚尖。

精细动作	
一个月	眼睛可注视眼前的物体。
两个月	眼睛有注视及追视的能力,手掌可以张开。
四个月	将手摇铃放到宝宝手中,他可以握住并摇动。
五个月	宝宝双手可以自动移到身体中线握在一起。
六个月	盖脸试验:用小毛巾盖住宝宝的脸,他会用手把毛巾扯掉。
一岁	玩具可由一手平顺地换到另一手;会用食指及拇指尖捏起小东西。

语　言	
一个月	每个新生儿都要做听力测验。
两个月	婴儿会发出咿咿呀呀的声音。
四个月	婴儿会与你互动,声音更多种,语调更丰富,高兴时还会大叫。
六个月	有听力异常者应开始接受治疗。
一岁	说出的 baba、mama 是有意义的,听到有人叫他的时候会喊"有"。

人际关系	
一个月	对人脸表现出高度的兴趣。
两个月	逗他会微笑。
四个月	自动地对人微笑。
六个月	有人叫他的时候会转头,看到主要照顾者就很开心。
一　岁	会玩躲猫猫的游戏。
	有默契地配合大人唱儿歌。
	可以听懂带有手势的命令。
	看到陌生人会害怕。
	与主要照顾者建立起安全型依附行为。
	不会对外界事物不理不睬。

此外，我发现带孩子来健儿门诊的家长看到宝宝身高体重达到高目标总是很开心。不过有个重要的观念是：体重与身高必须等比例同步成长，宝宝若是一直胖下去是不行的。婴幼儿过了 2 岁之后应该要开始注意他的体重，以免将来会有高血压、高血脂的问题，这点家长要多留意！

 许医师的小提醒 ✚

卫生署有新的政策要告诉你：

为了保护 B 型肝炎带原者的孕妇所生的新生儿，若是 B 型肝炎 e 抗原阳性的母亲，代表 B 型肝炎病毒正处于活动的状态，容易感染新生儿，使得他长大后又成为 B 型肝炎带原者。政府免费提供 B 型肝炎免疫球蛋白给这样的新生儿在出生 24 小时内施打，可以有效保护宝宝不受 B 型肝炎病毒感染。

然后在宝宝 1 岁大的时候可以带宝宝来抽血检查，看看经过施打一剂 B 型肝炎免疫球蛋白以及三剂 B 型肝炎疫苗之后，宝宝有没有得到抵抗力，或是宝宝还是被感染成为 B 型肝炎带原者。

其实我强烈建议不论妈妈是 e 抗原阳性或阴性，只要妈妈是 B 型肝炎带原者，宝宝出生后都应该打一剂 B 型肝炎免疫球蛋白，以确保宝宝不受 B 型肝炎病毒的感染！

夜间哭闹不止的"婴儿肠绞痛"是肠胃生病造成的吗？

◎令人费解的半夜啼哭

过去曾有家属看诊时询问我："医师！我的宝宝半夜一直哭不停，我都不知道如何是好，他是不是得了"婴儿肠绞痛"啊？"各位辛苦的父母，你一定经历过婴儿在半夜疯狂哭闹的经验吧！这是会令人心急如焚、六神无主的状况，但是孩子就是怎么哄也停不下来。但你可知道，一个正常的婴儿每天会哭多久？有人统计过一到三个月大的新生儿每天总共平均要哭 120 分钟之久，四到六个月大的婴儿每天总共平均要哭 60 分钟之久，而夜间啼哭的情形大约在六周大的时候达到高峰。既然这么会哭是正常的，那我们怎能把婴儿一哭就称之为婴儿肠绞痛呢？

◎婴儿肠绞痛的定义为何

这里我要跟大家谈谈到底有没有婴儿肠绞痛这回事，以及什么是婴儿肠绞痛？其实婴儿肠绞痛这个词是有定义的。它是指婴儿明明没什么事，却因不明原因烦躁不安、哭闹不停，没来由地开始也没来由地结束，每次可持续三个小时，一周发生三次以上，连续三周。这种状况我们称之为 "Infantile Colic"，翻译成中文是 "婴儿的痛"。

你会发现这个定义并不代表婴儿的肠子有什么问题,有可能是心情混乱、睡眠周期不顺,或是正在抒发自己的情绪。神经学家指出婴儿在白天接收了很多声音及光线的刺激,对脑神经是一个很大的负担,到了夜晚宝宝静下来进入睡眠状态时,脑部会去整理、学习白天接收的讯息,这些繁杂的神经联结对宝宝而言是从未经历过的过度刺激,就可能会造成宝宝哭泣,但并不是不好的。

由以上说明可以了解,宝宝夜间啼哭并没有特定的原因,所以它并不是一种病。与其说是宝宝的肠子怎么了,倒不如说它是一个健康婴儿正常哭泣行为的极端表现,所以我建议大家不要再用"肠绞痛"这个字了,因为发生这个状况不见得是宝宝的肠子有问题,只是孩子哭得比较厉害,又常发生在夜间,所以特别令人烦恼而已。如果经过医师检查,宝宝并没有特别的问题,宝宝这样子哭其实就可以把它当作是一个正常的事情。如果以上各点都没有问题,大部分这种夜间啼哭的情形在 12 周大之内都会好,家长从此就不必再在深夜起来辛苦了。

针对"婴儿肠绞痛"有人做了一些研究,得到一些初步的结论,例如:

1. 宝宝尽量吃纯母奶以促进消化吸收,减少宝宝肠胃不适。

2. 哺喂母乳的妈妈少吃一些易引起过敏的食物。

3. 若没有母奶而用配方奶的宝宝可尝试使用乳清蛋白为蛋白质主成分的配方奶,或尝试使用水解蛋白配方奶粉,可减少因蛋白质敏感所引起的肠胃道症状。

4. 可试试给宝宝吃益生菌,以建立起胃肠道内的好菌群。

如果孩子夜间哭闹是起因于肠胃道的不适,以上建议的确会有帮助。不过我前面有提到,宝宝夜间啼哭不全然是肠子问题,只是新生儿在适应自己、适应环境的一种正常表现。

◎婴儿的睡眠形态

新生儿在前 3 个月还没有建立起白天醒着、晚上睡着的睡眠周期，整天睡睡醒醒很不一定。亲喂母奶的宝宝一次睡眠大约 1~3 小时；瓶喂配方奶的宝宝一次睡眠大约 2~5 小时。中间起来清醒大约 1~2 小时；一整天加起来总共睡眠时间约 14 小时。这样的睡眠形态是正常的，却也很折磨人。为了要慢慢建立起白天醒着、晚上睡觉的习性，我建议大家要调整婴儿的睡眠时段。我认为白天可以任由他随便睡，但是到下午 5、6 点以后千万别再让他睡了，可以带他东张西望，用玩具吸引他的注意力，尽量拖着不让他睡。配合大人的睡觉时间，到 9、10 点再给他洗个舒服的澡，吃饱奶，然后让他安安稳稳地去睡觉。这样可以整夜一觉到天亮，或是只起来一次即可了！

小贴士

轻松育儿小诀窍

宝宝夜里发生严重哭闹的时候，我们有什么该注意的？

量量看宝宝有没有发烧。

若是发出凄厉的尖叫声则需尽快就医，也可以摸摸看宝宝的头顶前囟门有没有膨出；如果有鼓起的话就赶紧带去医院给医师检查。

不论是男宝宝或是女宝宝都应该检查有没有疝气的问题。

宝宝的肚子外观鼓鼓大大的无妨，但是必须是软软的才是正常；若是绷得紧紧、亮亮、硬硬的就应该带给医师检查一下才对。

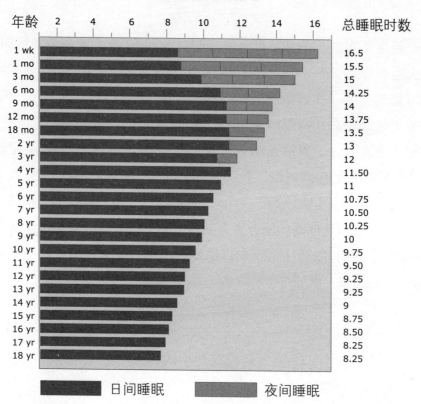

婴幼儿睡眠时数表

年龄		总睡眠时数
1 wk		16.5
1 mo		15.5
3 mo		15
6 mo		14.25
9 mo		14
12 mo		13.75
18 mo		13.5
2 yr		13
3 yr		12
4 yr		11.50
5 yr		11
6 yr		10.75
7 yr		10.50
8 yr		10.25
9 yr		10
10 yr		9.75
11 yr		9.50
12 yr		9.25
13 yr		9.25
14 yr		9
15 yr		8.75
16 yr		8.50
17 yr		8.25
18 yr		8.25

■ 日间睡眠　　■ 夜间睡眠

许医师的小提醒 ✚

首先我要告诉大家的是：

1. 并不是宝宝在夜里哭不停就表示他有婴儿肠绞痛。

2. 婴儿肠绞痛并不是一个病。

3. 婴儿肠绞痛这个词并不是说宝宝有什么问题。

4. 夜间啼哭是婴儿正常行为之一，并不一定是他身体出了什么特别的状况。

一个月新生儿睡觉就会打呼，是呼吸道发生异状吗？

◎婴儿打呼的原因

出生不久的宝宝常常会因呼吸声音大而被带来门诊，心急如焚的新手父母往往会觉得宝宝感冒了，必须要看医生，所以又吃了一堆感冒药，但是怎么吃也吃不好，这个声音就是一直存在。

其实这是很常见的，我常跟家长说，这个声音就像"小猪叫"一样，是正常的现象。原因是新生儿的上呼吸道结构就是这样，他们的鼻腔狭小，下巴较短，舌头相对于口腔显得很大，在他们平躺的时候容易往后倒而阻塞了气道；如果再加上宝宝口水直流，口腔分泌物很多，或胃食道逆流时奶水、胃酸涌上来后就更容易让爸爸妈妈听到孩子的喉咙有呼噜呼噜的声音，而以为是感冒了，这是天生的结构问题，不是感冒！吃药当然无效，也没必要。

等宝宝大一点之后，脸骨发育得更好了，整个呼吸道畅通了，声音自然就消失了。所以虽然宝宝晚上在睡觉的时候，有时声音大得吓人，但是大家可不必太过担心！

◎喉头软化症

另外有一种很常见的症状就是"喉头软化症"。这是婴儿喉头软骨尚未发育完全的缘故，当婴儿在吸气的时候可以让人听到从喉咙发出高频细尖的喘鸣声，而且从外观可以看到他的脖子中央低处在吸气的时候会有明显的凹陷，这个症状在宝宝哭的时候、吸奶的时候或感冒的时候会更明显。

一般来说这个问题在一岁半到两岁之前95%以上的孩子都会自己好，只有很少数的宝宝如果有喂食困难因而长不大或是呼吸困难因而胸部凹陷或发绀缺氧，才需要先处理。处理的方式是用激光或开刀的方法，效果都很有效！

经过以上的说明，相信大家可以了解宝宝在很小的时候呼吸道常常会有很多声音，这些绝大多数都会慢慢好转，并不是感冒，更不是过敏，可别逼他吃一大堆没有必要的药物！

肚子像气球一样鼓鼓的，轻敲澎澎有声，这就是胀气？

◎ 小心肚皮颜色异常

新生儿的腹部还不是很厚实，所以从外观看，往往就会让人觉得鼓鼓的，而且敲打起来就是肠子的声音，自然会澎澎有声。其实这是正常的现象，家长老是觉得孩子有胀气，所以免不了想给他擦胀气膏啊、吃药啊，这些真的是多虑了。而且胀气膏多半含有薄荷的成分，擦了对宝宝的皮肤是一大刺激，有蚕豆症的孩子更是不可使用！不过确实要提醒爸爸妈妈的是，如果觉得孩子的腹部硬邦邦的，撑得肚皮亮晶晶的，或肚皮颜色发红，肚脐有不正常分泌物，伴随着触痛啼哭的现象，这样就要带来给医生检查一下！不要瞎担心宝宝肚子大大的好像有问题，我常告诉家长：小宝宝肚子大大的没关系，只要确定它是软软的就对啦！

小贴士

轻松育儿小撇步

为了使宝宝的肠子蠕动更顺畅，不妨在每次宝宝洗完澡、舒舒服服地躺在被单上时使用婴儿油，给宝宝来一次温柔的抚触，替宝宝做一个全身按摩，顺时针在宝宝的肚子上来回抚摩，相信宝宝会觉得非常舒服，同时又可以和宝宝建立起亲密关系，共享幸福的天伦之乐。

新生儿太爱哭会容易造成腹股沟与肚脐疝气？

◎肚脐疝气不必急着开刀

先前有家长带孩子在看诊时问道："医师啊！我们家孩子好爱哭喔！哭到肚脐都凸出来了，好难看啊！我都给她贴一个十圆铜板，看看可不可以把它压回去……"家长会有这样的反应其实还很常见的，但这真的是一个错误！宝宝哭不哭泣与会不会疝气是完全不相干的两回事啊！

肚脐疝气的发生是因为脐带脱落后，肚脐周围这一圈组织没有完全闭合，所以当宝宝在哭的时候就很明显鼓出一个小球；这个小球只有薄薄一层皮肤而已，所以很容易又被推回去，但是一放开又鼓出来了！脐疝气里面究竟有什么东西呢？其实这里面就是肠系膜或小肠的一部分，摸起来软软的，但是不必担心，肠子很少

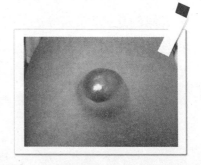

明显的肚脐疝气实例

会因为凸起而被夹到受伤，因为脐疝气的洞通常都很大，肠系膜或肠子都可以自由在这里进出而不被卡住。

脐疝气有大有小，小的直径只有 1 厘米，但大的也有大到 5 厘米的；因为绝大多数的脐疝气在一岁之内都会自己好，所以我们很少一看到

疝气就建议家长带去开刀,除非孩子的脐疝气到了四岁还没好,或是愈来愈大,或是在观察的过程当中真的夹住他的肠子了,这样就需要开刀处理。

◎ 新生儿开刀的常见原因

另外一个也常被误认为是哭所造成的疾病就是腹股沟疝气,其实腹股沟疝气是先天的问题,关键就在于它什么时候被发现而已。腹股沟疝气的病人大约有一半的人在一岁内就已经显露出症状来了,而且绝大多数都发生在六个月大之内,所以腹股沟疝气便成为小宝宝需要动手术的最常见的原因了。

人类在胚胎时期有一条引导睾丸从腹腔下降到腹股沟再进入阴囊的通道构造,叫作腹膜鞘状突,它在出生时应该自动闭合。

这个构造如果在腹腔这端有闭合,而在阴囊这端没有闭合,就会形成我们常听见的"阴囊水肿",它在孩子一岁大时多会自己好;这个构造如果在腹腔这端没有闭合,而使得肠子顺道沿着这条路掉下来,就会形成我们所说的"腹股沟疝气"。

◎ 如何简易判断疝气

大约每一百个宝宝就有 1~2 个会发生腹股沟疝气,男生与女生在胚胎时期的构造发育类似,所以女生也会发生腹股沟疝气,发生的比例男生比女生是 4 : 1;有趣的是三分之二的案例都是发生在右侧!

家长的描述往往可以给医师一个很好的诊断依据,那就是孩子哭的时候就会在腹股沟或是阴囊肿一个包,孩子睡着了或是安静放松时候,那个包又缩回去了。这是腹股沟疝气的典型症状，通常细心观察的家长这么一说，即使就诊当时并没有看到疝气，我们也可以很肯定地诊断孩子是腹股沟疝气，必须做进一步处理。

◎腹膜鞘状突未闭合之比较图

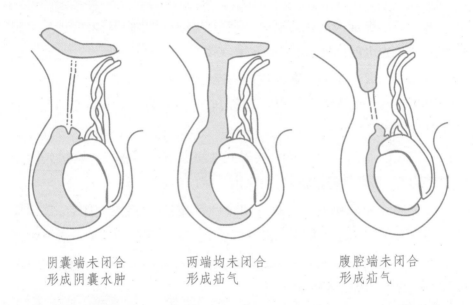

阴囊端未闭合　　　两端均未闭合　　　腹腔端未闭合
形成阴囊水肿　　　形成疝气　　　　　形成疝气

◎当心箝顿型腹股沟疝气

治疗腹股沟疝气唯一的方法是通过手术，因为掉下来的肠子不一定每次都能自己跑回去，如果肠子卡在腹股沟内回不去，此时称为"箝顿型腹股沟疝气"，就严重了。这在早产儿或女宝宝比较容易发生。

发生箝顿型腹股沟疝气时，宝宝会哭闹不安，肿起来的地方会痛，表皮颜色或许仍然正常，这时候由医师慢慢推，多半都还推得回去；一旦连血管也卡住不流通了,外表看到肿起来的地方会发紫而且超痛,小孩腹胀、呕吐而且便血,这时候表示已经造成肠子坏死了。

甚至女宝宝如果是卵巢掉下来卡在腹股沟内,则是造成卵巢坏死,这就是紧急情况了,不可不慎!

◎ 手术后需注意事项

开了一边的疝气手术,另一边要不要一起处理,以防以后也发生疝气呢? 这也是家长关心的问题。

一边有疝气,另一边以后发生疝气的机会大约是 1/3,尤其是女宝宝或是一岁以内就发生疝气的男宝宝,另一边以后再发生疝气的几率高达 50%;所以在进行一边疝气手术的同时可考虑另一边也一并做修补,不过这当然还要看医师的决定,看宝宝有没有提高另一边疝气可能性的其他疾病,以及手术过程要多花多少时间。

通常手术后的结果都很好,当天就可以回家,伤口后续复原也很快,再复发疝气的几率不到 1%。因此只要实时诊断,适时手术,就不必烦恼小宝宝的疝气问题。

自费检查昂贵又费时，
不做又不安心？

◎ 何必花钱庸人自扰

总是会遇到一些护子心切的父母，举凡自费检查、终身保险、脐带血等等，只要是听起来对孩子有益的，都会想尽办法要替孩子做。因为怕不早点知道宝宝有些什么特殊疾病，怕会错失治疗的时机，于是乎造就了各大医疗院所努力推行新生儿自费超声波检查，包括心脏、脑部、腹部和肾脏超声波等，这些家长都希望最好帮宝宝从头到脚全部仔仔细细扫过一遍，医院也就顺水推舟发展各项自费检查项目，最后果真"做"出不少问题来！

但这几年下来根据我个人的经验与感想是：新生儿自费超声波检查实在只是徒增家长的焦虑与浪费健保医疗资源而已。虽然自费超声波检查确实会检查出一些预期之外的比较有意义的结果，但这些例子真的是少之又少；即便是有小问题，只要小儿科医师在日后门诊与健检的细心诊察中，也都可以发现得出来。

自费超声波检查的结果其实大部分都是正常的，因为家长对这些诊断不明了，以及被陌生的医学名词吓到，结果造成大多数家长的恐慌，真是不值得啊！

我就将一些常见的"其实是正常的"检查结果列给大家作参考：

◆心脏超声波——开放性卵圆孔

如果是在出生不久就做心脏超声波检查的话，几乎100%会看到这个洞。卵圆孔是胎儿心脏血液循环的一个重要结构，它其实是一片可以往左心房打开的单向薄膜，负责作为胎儿血流由右心房往左心房流通的一个管道，在娘胎里是维持生命必要的构造。

出生后当左心压力渐增，就会把这片薄膜往右压贴在左右心房中间的墙壁上，因此这个孔渐渐就闭合了。

这是一个正常的组织，并不是左右心房中间的墙壁上有个破洞，它与心房中膈缺损的道理完全不同。如果宝宝在出生三天内就做此检查，当然会看到这片薄膜还没有完全闭合，因为卵圆孔结构上要完全闭合大约需要三个月的时间！如果依此结果告诉父母小孩心脏有个破洞，那就真的言过其实了！

但一般父母哪懂得这些，妈妈刚生完宝宝，伤口还在痛呢，听到了诊断以为宝宝患有先天性心脏病，这真的会令妈妈难过地哭出来！接着就是一而再、再而三的利用健保去追踪这个正常的洞，直到它完全闭合，这实在是浪费医疗资源啊！

很多家长想要给孩子买保险，却因为孩子在出生的时候做了这个超声波，看到了一个洞，保险公司就会拒保了，然后接着又是与保险公司一段永无止境的周旋，真是很辛苦！

◆脑部超声波——管室膜下小水泡

脑部管室膜下小水泡，这其实也很常见，约两到三成新生儿会有，大多在六个月内会消失，原因目前医学界也还在研究，但可以确定的是，日后完全不影响宝宝的生长发育及脑部发展。

◆腹部超声波——肾盂扩张

肾盂是肾脏收集尿液的蓄水池，往下就是输尿管下水道，因为小宝宝的身体很短,输尿管相对较长,因此输尿管下水道受挤压之后使蓄水池的水位稍高,这就是所谓的肾盂扩张。肾盂扩张在宝宝长高之后就会自动消失了,这也是正常的生理现象,并不是有病,更不是肾水肿!

一般肾盂扩张的大小在8毫米以下大多是正常,只要半年后再追踪就可以了;除非在追踪等待它缩小的过程中,小朋友曾发生尿路感染,那就要积极去寻找肾盂扩张有没有别的原因,例如输尿阻塞或是输尿管逆流的情形。

大多数宝宝做出来都是8毫米以下的正常生理现象,家长不必太过担心。不过如果第一次做出来就超过8毫米,或是愈追踪愈大,这样就要进一步详细检查!

◎定期产检别担心

看了这么多年新生儿自费超声波检查的例子,虽然有时会找出预期之外的结果,例如心室中膈缺损、全肺静脉血回流异常,脑室内出血、硬脑膜上出血,胆道异常、肾上腺肿瘤、多囊肾或是只有一个肾脏等等,但毕竟这是少数中的少数。因此我的建议是,如果以下各点都有做到的话,就可以不必再做新生儿自费超声波检查了。

1. 定期的产检。
2. 妇产科医师已帮胎儿做过详细的检查。
3. 怀孕过程正常。
4. 生产过程顺利。

如果上述各点中曾有过状况,但宝宝并没有什么症状的话,那就请先办好保险事宜(如果想替宝宝投保的话),再去做这些检查,以免保险公司因为上述的检查诊断拒保。如果宝宝出生后已经有某些症状,放心!小儿科医师一定会替你发现,并做仔细的检查。

脐带血过敏指数高，难道就是过敏儿？

◎别急着贴上过敏标签

在门诊常常看到心情忧郁的妈妈带着脐带血 IgE 指数的报告，哭哭啼啼地说她刚出生的宝宝是过敏儿，不知要怎么办。想想看，这个检查是否准确，如何在宝宝刚出生的时候就判定他的一辈子就是过敏缠身，况且用的还是一个不权威的方法，得出一个存有争议的数值。所以用脐带血 IgE 指数来预测宝宝是否有过敏体质，一直是一个颇具争议性的做法。这个检查不论从学理角度或是从医学伦理角度来看，都是一个不值得鼓励的做法。因此我总是安慰妈妈别理那个数字，看看就好，以后下一胎别再做这个庸人自扰的自费检查了！

关于"脐带血 IgE"，首先它在检体收集就有问题了。当宝宝在混着破出的羊水、胎盘血以及妈妈生产伤口的血液中分娩出来后，妇产科医师为宝宝断脐，连在宝宝身上的脐带大约留 30~40 厘米，然后将宝宝交给护理人员送到婴儿护理台上；经过保暖、擦干、摆位等初步处理之后，护理师会再用脐夹夹好脐带，只留一点点脐带在宝宝身上，其余都剪掉，剪好后将这 30~40 厘米左右沾有羊水、妈妈血水与新生儿血水等混杂体液的脐带就用挤牛奶的方式挤出脐带血，收集好了之后送去化验，这就是取脐带血送化验的真实过程。因此这个检体必然混杂了宝宝与妈妈的血液、羊水等等,可想而知,这样得出来的数值怎么能代表宝宝身体的真实状况呢?

◎迷信数据,不如日常观察

再来,所谓过高的异常数值是定在超过 0.9ku/l,1.2ku/l,还是 2.0ku/l 呢? 也没有一定的标准。如果定得松一点,岂不是大家都是过敏儿了吗? 其实要使用"脐带血 IgE"检测小宝宝是不是有过敏体质的做法还要配合家族史作判断依据,例如父母或手足是否有过敏症状等等。临床上就常看到脐带血 IgE 指数很高,但后来孩子也没过敏;或是脐带血 IgE 很低,但后来孩子还是过敏的现象。可见宝宝会不会成为过敏儿,不是光用一个数值就可以下结论的。

既然从家族史就可以知道个八九不离十,那又为何要验这个血呢? 妈妈会说:"我想要早点知道,早一点做预防啊!"这时我都会告诉妈妈这是早一点自寻烦恼! 小宝宝有没有过敏体质要靠我们平日的观察,从肠胃、皮肤、呼吸道慢慢去注意,通常要观察一年半载,没有一出生就得到结论的。如果真的希望宝宝日后不要成为过敏儿,就应该努力以母乳哺喂才是正确有效的做法,这绝对不是配方奶粉可以取代的! 从以上的解说,你就能肯定地知道,以后可以不必做这个检查了,这样心情会更轻松,奶水更会源源不绝,宝宝需要的就是这个!

许医师的小提醒✚

脐带血保存是否有一定的必要？

"保存脐带血"以应未来可能的需要，已经行之有年。目前脐带血移植成功治疗的疾病以血液方面的疾病为主，例如白血病、严重型再生不良性贫血、重型地中海贫血；还有免疫力缺乏的疾病，例如严重复合型免疫不全等等。

理论上，脐带血干细胞虽有无穷的可能性，但很多仅止于研究阶段，实际运用在临床上的疾病仍然有限。或许过了50年医学确实更发达了，还能研究出其他可以通过脐带血移植治疗的严重疾病，不过这就是"花钱买个希望"吧！

如果想要保存脐带血，就要注意脐带血公司是否服务热忱，随时可以来收件。若半夜不能来要怎么留存；脐带血保存的地方是否安全稳定；脐带血经过消毒冷冻后是否单独存放，以免取用别人的脐带血时很多检体都受影响；脐带血公司有没有移植成功的案例等。

以往还有用公捐的方式来保存自己宝宝的脐带血，不过这就得看当时宝宝出生的时候有没有这项服务！

为了不让婴儿受惊吓，睡觉时得将手脚固定住？

◎ 惊吓反射是正常现象

婴儿经常在睡梦中会有突发性的"吓一跳"的动作，也就是双手在空中抖动，作拥抱的姿势，然后紧接着号啕大哭，让爷爷奶奶、爸爸妈妈看了好心疼，认为小宝宝又吓到了！其实这是正常的生理反应，叫做"惊吓反射"。

惊吓反射是宝宝在六个月内可以观察到的正常生理现象，也是医生用来判断新生儿是否健康的重要指标之一。通常在安静的房间里，如果有一点点声响，就会让宝宝"吓一跳"，这时可以看到他会很对称地把肩关节伸展，两只手臂伸出来，两个手掌打开，之后两只上臂弯曲，缩肩向内转，像拥抱的动作一样，然后就哭了。这是代表宝宝的脑神经、臂神经、手部发育都很健全，是健康宝宝的表现，令人感到高兴！他的哭泣只要稍加安抚就会停下来，会继续入睡，家长不必担心。

千万不要以为把他的手脚绑好，他就不会惊吓了。反而当宝宝的四肢被固定后，如果他在睡梦中翻动，不慎遮住口鼻时，他就没有办法挣脱，也没有办法用手撑起一个可以呼吸的空间，这样就很危险，会发生窒息的意外。所以各位用心的父母，一定要在宝宝睡觉的时候解放他的双手，让他自由伸展，这才是安全的做法！

◎趴睡造成猝死的潜在危机

除了绑住手脚外,趴睡也是另一个会危害新生儿宝贵性命的举动,特别是在六个月以内的宝宝,请不要让他趴睡。有时候带孩子来门诊的妈妈会告诉我,她都让宝宝趴睡,因为这样头型会很美,这时我总是替她捏一把冷汗,当我告诉她别再这么做了,很危险! 她会告诉我:"没关系,宝宝会自己抬头换边! "

研究已经证实,仰睡可以减少婴儿猝死症的几率。美国自1994年开始极力推行全国新生儿仰睡运动,在计划推行之前,美国有70%~80%的新生儿是趴睡的;在计划推行之后,只有8%~30%的新生儿还在趴睡。之后他们发现,在短短五年内,全国新生儿的婴儿猝死症,从每一万名新生儿高达13.3位,降到每一万名新生儿7.4位,降幅达到45%,可见仰睡比趴睡要安全。

小贴士

轻松育儿小撇步

脸型事小,安全事大! 奉劝各位家长,请尽量少给新生儿趴睡,因为你不可能一直不休息地盯着宝宝看他有没有被闷到。百密总有一疏,等到意外发生的时候,再多后悔也没有用了!

耳垢千万别乱清，小心清洁不成反弄伤耳朵！

◎ 耳朵的天然防护网

在门诊常常妈妈都会问我耳垢到底要不要清，我都会告诉妈妈们不用挖！不要替宝宝清耳垢的几个理由如下：

◆ 危险性高

宝宝不可能乖乖地不动让你清理耳朵，一旦稍不留神容易弄伤宝宝，反而得不偿失。

◆ 耳垢并不影响听力

就算外耳道完完全全被耳垢堵住了，影响也只有 5 分贝而已，所以担心耳垢会造成宝宝听不清楚，真是多虑了，况且这些耳垢也会自动剥落成小碎屑往外掉。

◆ 耳垢是天然的屏障

耳垢可以防止小虫或异物掉入耳道，所以真的不必非要去除不可！临床上比较常见的状况是，宝宝有脂溢性皮肤炎，所以外耳很容易有一些油油黄黄的小碎屑，如果这些碎屑往耳道里掉，再加上一些洗澡水往耳道里流，我们就会看到有白白、烂烂、臭臭的液体一直从外耳道流出来。这是因为发生外耳炎了，此时医师会开耳道滴剂，以消炎杀菌。所以提醒父母们，注意东西不要往里面掉反而比清洁耳垢更重要！如果宝宝的耳垢真的多到让人难以忍受的时候，那么就一年清它一次吧！

小儿饮食问题多

婴幼儿该如何吃出营养与健康

小宝宝的所有营养来自于父母给他的食物,不论吃下什么都会深深影响他的成长,以及饮食习惯。所以给新生儿什么样的奶才是合适的?现在对于母乳哺喂有什么新观念?如果要用配方奶要如何选择?什么时候该添加副食品?怎样添加才是正确的做法?什么时候该让他自己动手吃?小朋友如果有偏挑食要怎么办?食物下肚后,宝宝是否能顺利吸收、正常排泄呢?这些问题相信大家都很关心,也很困扰着家长。没关系,让我来为您解决烦恼!

母奶的好处比你知道的
还要多很多！

◎ 母奶对新生儿到底有什么益处

近十年来由于母奶哺育协会大力推广母奶哺喂，并将其列入医院、诊所的医学评鉴之中，使得"喂母奶"这件事重新获得大家的重视。经过这几年，也的确收到很好的成效。妇产科医师在怀孕期间就开始大力夸赞喂母奶的好处；宝宝出生后，协助妈妈成功哺喂母奶并实施母婴同室，让宝宝随时都有母奶可喝。于是第一个月有母奶哺喂的宝宝达到九成之多，真是成效卓著！不过随着妈妈回到职场，工作繁忙压力大的情况下，能够持之以恒努力制造奶水，坚持到一岁的人就寥寥无几，这些妈妈我们真的要给她们最热烈的掌声！

◎ 你或许不知道的母奶优点

◆ 远离坏菌

鼓励一出生后马上让新生儿吸吮乳头，不论是自然产还是剖腹产，这么辛苦究竟是为了什么？其用意有以下几点：建立妈妈与宝宝的亲密关系从出生后的第一刻开始；尽早吸吮刺激乳房帮助分泌乳汁；让宝宝感染母亲身上的菌种，在宝宝身上形成正常的常在菌丛，使宝宝不受坏菌的侵袭。

◆亲密联结

直接哺喂母奶的用意不只是提供给宝宝珍贵的母奶，更重要的是，孩子在母亲怀抱中会有安稳舒适的感觉；母亲看着孩子脸庞时爱他的心情油然而生。这种亲情的联结，是日后宝宝情绪及人格发展的重要基础。

◆预防过敏

母奶的蛋白成分与孩子是同源蛋白，比较不会引起过敏；而牛奶的大分子通过肠道进入血液可能会诱发过敏反应。母奶中乳清蛋白：酪蛋白为 75：25，乳清蛋白较好吸收；而牛奶正好相反为 20：80，酪蛋白增加消化的困难。即使有的配方奶尽量调整成 75：25，但是牛奶中的乳清蛋白为 β 乳球蛋白，母奶中的乳清蛋白是 α 乳球蛋白，还是不一样。

◆促进消化

母奶含有大量乳糖，它的用处是刺激宝宝肠子蠕动，加速排空，所以喂母奶的孩子不必担心大便硬的问题。另外，乳糖走到大肠时可作为肠内乳酸菌的食物，培养出肠内更多好菌，用来抗衡坏菌，同时乳酸菌制造出的维生素 K 是凝血因子的重要成分！

◆必要营养素

母奶中含有必需氨基酸及必需脂肪酸即中链脂肪酸（C18）的亚麻油酸及次亚麻油酸，是婴儿生长所需。一般配方奶会添加 DHA（C24）、AA（C24），因为牛的奶中不含此营养素，而人必须要这个营养素，它们是脑部和视网膜神经组织发育的重要营养素。其实一个月的婴儿他自己就有能力将从母奶中获取的亚麻油酸及次亚麻油酸在体内转换成 DHA 及 AA，不需要额外添加 DHA、AA，只有早产儿因 C18 → C24 转换的能力差，才需要额外补充 DHA。婴儿配方奶添加这些东西多半是一种商业手法！

◎黄疸不能喝母奶，这是真的吗？

另外有些家长会质疑宝宝黄疸不能喝母奶，这其实是个错误的观念。黄疸不是母奶造成的，新生儿在出生七天左右本来就会有生理性黄疸，下面的说明也希望让家长们对黄疸有正确的认识，不必过于惊慌：

生理性黄疸完全不必停喂母奶，反而应该增加喂奶的次数以加速胆红素的排出；

纯母奶哺喂的孩子外观有轻微黄疸，持续两个月都是正常；

黄疸安全上限值为 18mg/dl，不必轻微黄疸就照光。

我常教家长在家观察新生儿脚底的颜色来判断黄疸指数：宝宝脸黄黄的大约是 5mg/dl；肚子黄大约是 15mg/dl；把脚底板用手指压下去看颜色，如果也是黄，大概就超过 18mg/dl 了。

健康的黄是一种橘黄，病态的黄是一种青黄。

还要特别注意宝宝大便的颜色，必须符合儿童健康手册上的颜色其中之一。

黄疸在家照太阳或日光灯是没有效，也没有必要的，在医院照光治疗是使用波长 420~470nm 的光去照才会有用的啦！

◎黄疸其实是有益处的!

胆红素是一种抗氧化剂，它可以清除体内的自由基，避免孩子的脑、肺、肠、视网膜受破坏，这对早产儿是个很重要的保护剂，对足月儿也有相同的效果；所以不必一点点黄疸就担心，它不是一无是处的东西，轻微的黄疸对新生儿反而有保护作用呢！如果担心宝宝黄疸过高造成核黄疸，只要听医师建议，小心追踪就好了。

许医师的小提醒 +

人体内无法自行合成,需要靠饮食才能获得的称之为"必需"。

• 必需脂肪酸:亚麻油酸(ω-6)和次亚麻油酸(ω-3)

• 必需氨基酸:成人的必需氨基酸有8种,婴儿有10种,即:

苯丙氨酸(Phenylalanine)

缬氨酸(Valine)

苏氨酸(Threonine)

色氨酸(Tryptophan)

异亮氨酸(Isoleucine)

亮氨酸(Leucine)

甲硫氨酸(Methionine)

赖氨酸(Lysine)

组氨酸(Histidine)

精氨酸(Arginine)

(后两种为婴儿必需的)

市售配方奶种类繁多，小朋友真的需要吗？

◎羊奶在成分上其实没有优势

就算是亲自哺育母奶的妈妈，随着时间推移，多数妈妈还是会慢慢转为使用配方奶，但市面上的婴儿配方奶五花八门，令家长不知如何选择，常常听别人推荐什么就买什么……

我建议选择婴儿配方奶还是要听小儿科医师的建议，或购买大品牌的产品才比较安全。其实每个孩子适合用哪个牌子情况都不同，选定之后就不要再换来换去了。

以我之见，建议给宝宝吃的奶源应该只有"母奶"或"牛奶"两种，"羊奶"并不合适。所谓"羊奶顾气管"并没有实验上的证据。当羊奶被做成配方奶的时候，其中的动物性脂肪已经被去除，取而代之的是植物性脂肪（婴儿配方奶在制造的过程中会经过脱脂，去除动物性脂肪，再用植物性脂肪例如椰子油、葵花油、棕榈油作为脂质来源。），所以我们觉得好像可以顾气管的成分也早已随着羊奶脂肪被去除了！再者羊奶含铁质、维生素D、叶酸都较少，另外羊奶中有些婴儿需要的氨基酸是缺乏的也须提醒父母注意，所以当用羊奶制成婴儿配方奶的时候必须另外添加，才不会发生婴儿贫血或营养素缺少的问题！基于这些因素，羊奶似乎没有优势，所以实在可以不必多花钱买羊奶配方奶了。

◎特殊成分的配方奶粉

当下许多婴儿配方奶其实皆大同小异,但还是有一些特殊情况必须使用配方奶:

• 有牛奶蛋白过敏的孩子建议改用蛋白质部分水解配方奶粉,以减少因牛奶大分子对肠胃道的刺激而诱发过敏反应,同时又可训练肠道对蛋白质分子的耐受性。有牛奶蛋白过敏的孩子 50% 还是会对豆奶蛋白过敏,所以换成豆奶不一定会有效。

• 急性病毒性肠胃炎引起水泻的时候,可暂时改用无乳糖奶粉,等症状好了之后再换回来。

• 早产儿或低体重儿因为需要较高的热量,可用高热量特殊配方奶,一般婴儿配方奶每毫升提供 0.67 大卡的热量,而这些特殊配方奶每毫升可提供 0.8 大卡或更高到 1 大卡的热量。

◎配方奶是否会因年龄有差异

家长也很想知道一岁以上较大婴儿奶粉和新生儿配方奶粉有什么不同,要不要换?简单来说,年纪较大婴儿奶粉的热量较高,蛋白质与碳水化合物的含量增加,各种电解质加到两倍之多,各种脂溶性及水溶性维生素也加量,整体营养提高。但我建议一岁以后的孩子应该以固体食物为主食,不应该光喝配方奶了,配方奶在这个时候的重要性应降低,同时孩子也可以接触市售的奶品了,例如鲜奶、优酪奶等等,所以换不换较大婴儿奶粉真的不是一件重要的事。

我们知道母奶较好,但是到底有没有什么状况不适合哺喂母奶呢?这是个重要的问题,大家的观念极需厘清,其实不能喂母奶的状况很少,例如：

- 小孩有先天性代谢异常的半乳糖血症或苯酮尿症
- 母亲感染 HIV（艾滋病毒）
- 母亲正接受化疗
- 母亲乳房上有疱疹（治疗好就可以继续喂母奶）
- 母亲有开放性肺结核病（治疗好就可以继续喂母奶）

除了上述状况外其他几乎都可以，一般妈妈担心的例如吃感冒药、吃抗生素、吃高血压药物、吃甲状腺药物，或是坐月子吃烧酒鸡、喝茶、喝咖啡……都不是喂母奶的禁忌。在门诊常常有妈妈问我这些情况可不可以喂母奶，答案是当然可以！妈妈们千万不必担心那么多。

新生儿不满六个月就喝水，小心水中毒危机？

◎新生儿不必刻意补充水分

婴儿所需要的水分大约为 120 毫升 / 公斤 / 天。水分的来源很广：奶水、开水、菜汤、果汁，都可作为宝宝水分的来源，但绝对没有完全不能喝开水的道理。可是我也要提醒，并不需要刻意给宝宝另外喝开水。

虽然婴儿期的肾丝球过滤率大约仅为成人的一半，而且将近要到三岁孩子的肾功能才会相当于成人的水平。

但是父母们不需担心，因为当我们人体喝下开水被胃肠吸收之后，血液渗透压降低，自然会引起体内荷尔蒙的作用，例如降低抗利尿激素的分泌，这时身体自然会把多余的水分随尿排出。婴儿一样有这样的能力，如果要因为喝白开水而发生水中毒的问题，必须要灌很大量的水，以至于超过婴儿肾脏排出水分的极限为每分钟 16 毫升，而造成血液低张、电解质不平衡，其实这样的情况并不常见。

这当中还包括喝进肚子里的水，经由胃肠吸收需要一段时间，它并不是马上大量跑到血液中，立刻发生低渗透压的现象。用一点开水给宝宝漱漱口，或补充水分是可以的，我相信你绝不会漫无止境地给宝宝灌白开水吧！

◎奶水中的水分就足够了

虽然在美国每年仍有零星婴儿水中毒的案例,但那多是病态性地喝水或荷尔蒙分泌异常所导致,跟我们一般给孩子喝水时的状况完全不同,大家不必吓到自己。

倒是我要强调的是,宝宝在六个月之内,光是喝奶已经足够他每日所需的水分,并不必刻意一定要再给他喝一些开水;尤其是接近吃奶前,如果先喝了一些水,宝宝已经有一点饱胀感,那喝奶量就会降低了,反而不好。

所以关于这个问题的正确观念应该是六个月以下的婴儿没有必要额外给白开水,但并不是完全不能喝。

好处多多的母奶
还是有不足的营养素!

◎新生儿的铁质存量会随时间渐渐消耗

我在健儿门诊看过这么多孩子,哪些是纯母奶哺喂的,我一眼就可以看出来。这些纯母奶哺喂的宝宝到了一岁的时候往往可以感觉出来,他们很活泼、很健康,但是肤色就是不一样,那是一种白里带点微黄的颜色。

小孩子依旧很有活力,也很聪明,但就是白了点。是纯母奶哺喂错了吗? 当然不是! 是我们忘记了纯母奶哺喂的宝宝应该适时添加副食品,特别是含铁质的固体食物,这样才不会发生贫血的问题。

为什么会有这种现象呢? 正常的新生儿,出生时血色素将近 16.8g/dl,但是很快它就会降下来,这是因为新生儿的红细胞生命周期很短,很快就被破坏了,这时就产生黄疸的情形。红细胞破坏得快,但造血速度反而变慢,再加上宝宝长得很快,一下子体重就增加了快一倍,所以血色素浓度也相对降低了,约莫在 2 个月大的时候达到血色素的最低值,可以降到 9~11g/dl 这么低,称之为"婴儿的生理性贫血";但这是正常的现象,一般的新生儿身体都可承受,并不需要特别治疗。而且一开始虽然红细胞被破坏了造成血色素浓度降低,但是身体内铁质的存量还在,所以在这段时间不会有缺铁性贫血的情形,身体会利用这些铁,配合红细胞生成激素,交由骨髓内的造血细胞再造出新的红细胞,慢慢地血色素就会回升,宝宝又会恢复红润的肤色。

◎ 母奶并非万能的

根据研究显示四个月大之后的婴儿体内原有的铁存量会渐渐不敷所需,此时宝宝就需摄取足够的铁质,否则将会慢慢发生缺铁性贫血的情形。但母奶中的铁质含量还是太少了,每1000毫升只有0.5毫克,牛奶中更少,每1000毫升只有0.45毫克!

你知道吗?对一个新生儿来说,他要健康成长必须有足够的铁质,才能制造出足够的红细胞,以携带足够的氧气到身体各部分。充足的铁质能帮助单胺氧化酶活化大脑内的神经传导;充足的铁质也能使宝宝语言的学习力更强、记忆力更好。为了满足需求,宝宝每天需要获得1毫克的铁才够,但因吃进肚子里的铁质大约只有1/10可被吸收,所以我们给婴儿每日铁质建议摄取量要6~10毫克才行。是不是与纯母奶所含铁量有段不小差距?因此我建议纯母乳哺喂的婴儿应该从四个月开始慢慢接触副食品,特别是含有铁质的食物。例如婴儿谷物、菠菜泥、肉泥等等,不然宝宝很可能在6个月到24个月这个阶段面临缺铁性贫血的情形。

婴儿配方奶也是有鉴于此,把铁质含量加到每1000毫升的配方奶含有6~18毫克的铁,依各厂家不同而调整。当然我们并不是鼓励喝配方奶而不喝母奶,毕竟母奶中的铁还是比较好吸收。但是我要提醒妈妈们,纯母乳哺喂的宝宝不要忘记要适时补充富含铁质的副食品!至于要不要吃铁剂就应该交由医师做进一步的评估。

轻松育儿小撇步

预防缺铁性贫血的正确观念应该是纯母奶哺喂的宝宝在 4 个月大的时候开始添加副食品,以补充母奶中铁质与维生素 D 的不足,还要逐渐加强固体食物的比例与多样化,这样可持续哺喂母奶到两岁。

许医师的小提醒 +

你所不知道的母奶小优点:

母奶因为含有乳铁蛋白的成分,而且它的铁是 2 价铁(Fe^{2+}),身体可以直接消化吸收;而牛奶的铁是 3 价铁(Fe^{3+}),身体必须先把它还原成 2 价铁才能吸收,这个程序又会把红细胞氧化成不稳定的状态,所以一般我们说母奶中的铁质好吸收就是这个道理。

宝宝总是躺着喝母奶，会容易感染中耳炎吗？

◎奶水进入耳咽管会引发感染？

母奶的好处渐渐广为人知后，有越来越多的妈妈坚持母奶哺喂。但是喂母奶可不是一件容易的事，产后拖着疲累疼痛的身体，还要为宝宝挤出奶水实在辛苦。认真的妈妈应该有更轻松愉快的喂法，躺着喂不失为一个好办法。喂着喂着如果妈妈睡着了也没有关系，宝宝也是边吃边睡，两个人都可以得到休息。

但是问题来了，究竟躺着喂奶，宝宝会不会得中耳炎呢？首先我们必须要了解小宝宝的耳朵结构和中耳炎的定义。从宝宝下鼻道往内延伸经过鼻腔到达后咽部的地方，这里有一个耳咽管，耳咽管直通中耳腔。中耳炎经常是因为感冒、鼻腔发炎肿胀，导致耳咽管通气不平衡，使病毒细菌往内跑，进入中耳腔造成感染，引起发炎反应使分泌物增多甚至积脓，缓解后的中耳积液还会持续一段时间。

根据上述说明我们便能得知，宝宝躺着喝奶的时候并不会让耳咽管变得不通畅，当然不会引起中耳炎！只要帮宝宝拍一拍，稍加清理就行了，鼻腔里的液体很快就会流出来，它不会影响耳咽管或中耳腔。哺喂母乳的妈妈们仍然可以放心地躺着喂奶，千万不要太累！如果要预防宝宝中耳炎，倒不如按时带孩子去接种疫苗及肺炎链球菌疫苗等，才是更实际有效的方法。

当宝宝开始尝试副食品，
这些事一定要知道！

◎副食品对宝宝好处多多

新手爸妈经验不足，不太知道宝宝何时可以开始尝试副食品。其实只要满四个月大后，可以开始尝试给他副食品。添加副食品主要有几个用意，下面就跟大家说明一下：

◆训练宝宝咀嚼的能力，练习颊肌与舌头协同作用

让宝宝除了吸吮奶嘴、奶瓶之外，还能开始练习不同的进食方式。在宝宝吃固体食物的时候，他会用颊肌与舌头搅拌食物，并充分与唾液混合成为滑顺的一团食糜，然后运用舌根把食团推到后咽部，接着把会厌软骨上顶关闭呼吸道，并用吞咽的肌肉让食物顺势滑入食道里。这一连串复杂的吞咽机制，是必须经过练习的。宝宝学会了这个机制，他就不容易呛到。

◆锻炼牙床，刺激牙齿生长

宝宝通过副食品在口腔内的练习咀嚼运动，可以使他的牙床更坚固，同时刺激乳牙的萌发。

◆训练口语能力

汉语语音包括韵母和声母，各有不同的发音位置与发音技巧。如果要每个音都发得正确，就要充分开发宝宝口腔内的每个角落，这就得通

过刺激口腔内的各个部位才能达成。经由咀嚼食物的过程,让食物碰触口腔中的所有角落,训练舌肌、颊肌、吞咽肌等,才能开发到将来发音要用到的每块肌肉以及口腔中的每个位置,这样以后说话才说得清楚。所以给宝宝学习吃固体食物还有这个重要的功能!

◆增进饱足感,补充奶类不足营养

给宝宝尝鲜可以刺激他的味蕾,体会各种酸甜苦咸和不同口感的食物,让他适应各种食物的味道与质地,将来进展到固体食物做正餐的时候才不会偏食。固体食物还可补充奶类所不足的营养,例如膳食纤维、铁、钙、锌以及其他微量元素等等,所以一定要适时添加!

经过这番说明,家长们可以了解,添加副食品不只是为了给宝宝额外的营养,更重要的还有上面所说的这么多特别的好处,所以绝对不是加到奶瓶里面去给宝宝吸!把它拌成糊状的用汤匙喂食才是正确的做法。

◎循序渐进,慢慢调整

值得一提的是在四到六个月这个阶段,添加副食品的目的并不是给宝宝当作正餐,所谓"吃巧不吃饱",这个阶段仍应以奶类为主食。建议妈妈可以在喂完奶不久后,如果孩子还有兴趣的话,就可以给他尝尝你为他准备的副食品。如果把副食品放在喝奶之前的话,恐怕宝宝吃完副食品就喝不下奶了。当然要是你的宝宝对副食物很有兴趣的话,也可以用这种方式渐渐用副食物取代喝奶当作一次正餐,这时候孩子大约是七到八个月大也很合适了。

很多妈妈忧心不知道该给宝宝什么才好、才安全,我的建议是不妨自己烹调,先从淀粉类食物开始。例如稀饭、山药、马铃薯等等,记得要打碎煮烂。果汁机是个很好用的帮手,搅碎之后用电饭锅蒸熟,放入制冰盒中一格一格冷冻起来,等要吃的时候随时拿几块下来再蒸热,方便干净又营养。

一种新食物试吃三天,若没有过敏反应就可以持续使用,之后就可以拿曾经试过的食材做各种排列组合,变换出不同的口感,让宝宝吃得不亦乐乎!慢慢地蔬菜类例如菠菜、高丽菜、青花菜、红萝卜、青豆等等也是这般如法炮制加进来,等宝宝吃出兴趣来了,你就可以挑战鱼类、红肉、蛋黄等。

原则上不必过度担心宝宝会过敏的问题,你可以多方尝试,这样可以增加食物的多样化,也可以帮助宝宝摄取各种不同的营养。如果真的碰到过敏的食物,要是中午吃,约莫晚上就会开始眼皮肿、皮肤痒。这时候请把这个食物禁吃一个月,不是从此以后都不能碰!过了一个月后可以再重新开始,第一天吃一小口;若没有反应,第二天吃两小口;再没有反应,第三天再吃三小口;如果一直都没有过敏反应,那就说明宝宝已经耐受这样食物了。假设不巧在增量的过程中又发生过敏了,那就只好再停止一个月,然后才又慢慢开始,这样宝宝肠胃还是有机会可以接纳它的。要是每次的过敏反应都很严重,怎么尝试都不能耐受它,那就只好跟这种食物说掰掰,从此再也不要想它了,毕竟总是可以从其他种类的食物得到类似的养分。

◎别错失尝试副食品的黄金期

有时会遇到一些孩子都已经一岁了还是只喝奶,不喜欢吃固体食物。部分原因是因为宝宝太慢尝试副食品,以至于他渐渐懒得去咀嚼食物,只贪求轻松吸奶的方式。每到吃饭时间就愁眉苦脸、食不下咽,饭菜被收走以后,等会儿又饿了,几次下来孩子就学会用这招耍赖的方式,最后养成不爱吃饭的习惯,造成孩子便秘、腹痛、营养不均衡的结果。所以别小看添加副食品这个小小的动作,它可是对孩子日后的饮食习惯有着深远的影响呢!

◎接触固体食物有什么原则需要注意的呢?

年　龄	四个月	六个月	八个月
主　食	奶类(6~8餐/天);依宝宝需求提供。	仍为奶类(6餐/天);每餐增量次数减少。	用一个固体食物取代一个奶类作正餐,每次量约大人的半碗。
副食品种类	从淀粉类先开始如米精、山药、马铃薯;水果类可先尝试香蕉、苹果、橙子。	试过合适的可续用;再新加蔬菜、蛋黄。	试过合适的可以续用;再新加肉末、鱼肉。
质　地	糊状	软烂	以入口易吞的程度
注意事项	副食品不是丢到奶瓶中,而是制成糊状用汤匙喂食。	尽早使用副食品并不会增加过敏机会;可提高宝宝对固体食物的接受度,避免日后偏挑食。	不必太担心过敏的问题,要多方尝试;通过肠道的吸收可以训练身体对食物的耐受性。

年　龄	一　岁	一岁半
主　食	三餐奶类与两餐固体食物。	三餐固体食物与一餐奶类。
副食品种类	任何大人的食物都可以尝试。	吃过会有强烈过敏反应的食物,可再慢慢调适或干脆不再碰。
质　地	切小丁,易于用手捏取的大小,具口感以练习咀嚼的能力。	像大人一样的质地但小一点。
注意事项	蜂蜜必须满一岁才可吃,因为里面可能藏有肉毒杆菌的孢子,一岁之前易被感染;市售鲜乳、酸奶也是满一岁才可吃,一岁之前喝会胃肠出血;不必把孩子的食物弄得淡而无味。	应该让孩子拿汤匙练习自己吃以增加吃饭的乐趣;不可边看电视边喂他吃饭,也不要逼迫他吃饭,才不会破坏吃饭的气氛。

◎美味又营养的简易副食品DIY

◆小松菜稀饭

●材料:

小松菜叶子部分(1~2片)、稀饭

●做法:

1.取1~2片小松菜的叶子。洗干净后,用沸水煮过。

2.煮好后加到稀饭里用搅拌机打碎搅拌。

◆豌豆胡萝卜蛋黄稀饭

●材料：

豌豆(3~4 颗)、胡萝卜(少许)、蛋黄(1/4 颗)、牛奶(少量)、稀饭

●做法：

1. 将豌豆煮软,去皮。

2. 将胡萝卜细切,煮软。

3. 取 1/4 颗的蛋黄,加少许牛奶,搅拌后用平底锅加热煮熟。

4. 将准备好的豌豆、胡萝卜、蛋放到准备好的稀饭上。

◆南瓜泥酸奶

●材料：

南瓜(适量)、无糖原味酸奶(1 大匙)

●做法：

1. 南瓜切块,煮到软。

2. 南瓜煮软后压成泥状。

3. 在南瓜泥上加上原味酸奶即可。

◆白土司香蕉牛奶粥

●材料：

白土司(去边后切块)、牛奶(约 50 毫升)、香蕉(1/3 条)

●做法：

1. 将牛奶和香蕉放入锅中,一起煮沸。

2. 当香蕉煮到软的时候放入白土司。

3. 只要白土司都有沾到牛奶,变软后就可以关火。

迟不长牙是缺钙，
补充钙粉才能快快长牙？

◎补充过多钙粉当心肾结石

现在的父母，总是绞尽脑汁想要为宝宝多做一些事，生怕一旦遗漏了什么，将来会对不起孩子，所以对宝宝总是百般呵护。举例来说，在门诊常常会遇见烦恼宝宝不长牙的父母，特别是宝宝已经快满周岁了，一点长牙的迹象也没有，令爸妈好担心啊！商家正好利用这个机会，给家里有这个年龄层的宝宝的家长大力推销钙粉，说什么吃钙粉才会长牙，才会骨骼强壮！我要特别强调，任谁说得天花乱坠，你的宝宝根本不缺钙，长不长牙与吃钙粉没有任何关系，吃钙粉是未蒙其利先受其害，轻则引起便秘，重则造成肾结石。

数年前有一群孩子陆续因为血尿来求诊，经医师帮他们做肾脏超声波检查之后，发现都有肾结石的问题，仔细追查之下赫然查出这些孩子都是吃了同一厂家的钙粉；它的配料表错误，钙实际含量是上面所写的数百倍，这些孩子都服用了过量不必要的钙，所以引发了肾结石。是不是很恐怖？

◎其实宝宝根本不缺钙

根据建议,一岁以内的宝宝每天所需的钙 270 毫克就够了,而母奶每 1000 毫升平均可提供 340 毫克的钙;配方奶依各品牌不同,每 1000 毫升可提供 600~1300 毫克的钙;另外,给宝宝吃的大骨汤、吻仔鱼……还没算进来喔! 这样算起来就可以知道,宝宝并不会缺钙。

到了一岁以上,小朋友钙的每日建议容许量可提高到 700 毫克 / 天,但这时孩子除了喝奶之外,也会吃到更多富含钙质的食品。因此此时只要固体食物吃得够丰富、够多样化,你的孩子是不缺钙的。

所以父母们别再为宝宝长不长牙这件事操心了! 我常告诉父母宝宝的牙是装饰品,不是用来吃东西的,他就算没长牙,光用牙床就可以吃,不管多硬都咬得动。如果希望宝宝快长牙反倒应该在没牙时多给他一些需要咀嚼的东西,刺激一下他的牙床,很快就会长牙了。

要提醒家长的是如果宝宝过了一岁半真的还不长牙,这时候我们就该当心了,好好地替他检查一些内分泌方面的问题! 请大家不要再烦恼长牙这件事了,长牙确实与吃钙粉无关,不要乱买钙粉来吃才是对的!

孩子挑食或拒食，
父母该怎么办？

◎常见的挑食与拒食问题

这真的是一个大问题啊！相信这个问题也困扰着很多家长，我自己的孩子以前也是这样，令人忧心忡忡。后来在彼此经过一番调适之后，现在这件事就不再困扰我们了。

根据我的观察，家长担心孩子不吃饭而来门诊求助的，大概可以分为几种常见的类型：

◆食欲与食量父母不满意

最常见的情形是我看到孩子明明就长得很好，爸妈还是不够满意。令我印象深刻的是一个才六个月大已经 9 公斤的宝宝，妈妈仍抱怨宝宝吃得太少说："以前都吃 200 毫升，现在 150 毫升都吃不完！" 我问她，多久吃一次？妈妈说："固定三个小时就要吃一次呢！"

◆只爱玩却不爱吃东西

另外一种情形是两岁左右的小朋友，看起来长得很"精瘦"，在诊间跑来跑去，活力旺盛，家长却抱怨孩子总是只爱玩、不爱吃，每次吃饭没吃几口就跑掉了，好像永远都不会饿的样子。

◆正餐不吃只吃零食

还有一个状况是家长说小朋友正餐从来都不乖乖吃，吃饭时看电视看得入迷,喂他吃饭的时候,汤匙都送到嘴边了也不把口张开。仔细一问,孩子几乎零食、糖果不离手,只要孩子稍微闹个脾气,家人就用零嘴安抚;只要孩子看到路边好吃的东西就要买,以至于小朋友永远处于半饱不饿的状态,当然在正餐的时候,小朋友就爱吃不吃了。

◆老觉得小朋友长不大

妈妈带孩子来门诊,很担心地说小朋友长得很瘦很矮,虽然已经吃得不少了,但就是长不大,不知道要怎么办!我仔细地看了看:他的生长曲线正常,我再仔细地问了问,妈妈身高 150 公分,爸爸身高 165 公分!可见这样的身材对孩子来说是正常的。

◆只接受特定食材

有一些小朋友长得还可以,胃口也还不错,但是他只吃某种固定的食物,对其他种类的食材接受度很低,像我家的宝贝就特别爱吃"三白",即白饭、白面条、白牛奶,对于妈妈煮出来的新花样一律不碰,非得反复出现在餐桌上好几次了,才勉强愿意张嘴尝尝看。不过现在倒是改善这种情形了,喜欢的食物种类愈来愈多,对新的食材也很勇敢地尝试,然后也很快就能适应了。

◆对特定食物有恐惧症

另外有一种少见的拒食情形是:小婴儿看到奶瓶就哭,或是大一点的孩子看到某种食物,打死也不肯吃,例如带刺的鱼……这大多是因为过去在使用这些食物的时候曾经发生过不愉快的经历所致,例如哽到或呛到,以至于使孩子心生畏惧,生怕再发生一样的经历,所以说什么也抵死不从,很难再教他接受这一种食物。

其实你知道吗?真正有生长迟滞问题的孩子来门诊都不是来看有关生长发育方面的问题的。我就曾经在门诊看到一个来看发烧的小朋友,都已经三岁了,体重还不到 10 公斤,指甲藏污纳垢,衣着也显得脏乱,感觉病恹恹的，一副爹不疼娘不爱的样子，与其他人互动也很少，这就是真正有问题的孩子。

近年来有关研究孩童喂食困难问题，被广为引用的就是美国华盛顿国家儿童医学中心的教授所发表的文章。他分析孩童喂食困难的情形，并且把它分成几类，然后给父母一些建议来解决孩子喂食困难的问题。配合我们的文化背景，我将这些信息归纳作以下几点：

◎父母错误的期望

每个宝宝健儿手册里面都有生长曲线表，大家不妨拿出来看看。平均来说，一个足月儿出生的时候体重约有 3200 公斤，身高约有 50 公分；在正常的喂食之下，头一个月可以增加一公斤，到了四个月大的时候体重已经可以达到出生体重的两倍，好像吹气球一样长得很快，爸爸妈妈一定很有成就感，对于宝宝胖嘟嘟很可爱的模样也很开心。

过了四个月大之后会发现生长曲线渐渐趋缓，不再直线往上冲了，这是因为宝宝可能面临厌奶期，或者宝宝开始会离开床铺，增加活动量，当然不可能再一直胖上去啦！正常的婴儿到了一岁的时候，体重也不过是出生体重的三倍重而已。

我常常遇到妈妈带四个月大的宝宝来我的门诊抱怨小孩一次喝奶不到 100 毫升，这时候我都会恭喜妈妈，替宝宝感到高兴，因为宝宝四个月大变聪明了，变得爱玩不爱吃，喜欢找妈妈讲话，所以吃一下子就分心了，一定要等到将睡未睡的时候才会乖乖地边睡边吃。其实看宝宝的生长曲线，完全没有落后，只是妈妈一时无法接受孩子怎么突然吃得变少了、体重不再飙涨了。其实这样才是正常的啊！我都会告诉妈妈不要总是只注意孩子有没有长胖，有没有长聪明才重要啊！我们可别忘了也要注意孩子的动作及智能发展！

　　这种情形其实重点是在教育家长的想法，而不是治疗孩子，因为孩子根本没有问题，就请家长依孩子自己想要吃的量来提供所需，就是最刚好的食量了。父母如果有过多超出正常范围的期待，就会常常为了给孩子多吃一两口饭而把自己累得精疲力竭。有的是用苦口婆心的方式拜托孩子再来一口；有的会用交换条件的方式，多吃一口饭就买一个玩具；有的甚至使出高压统治的方式，不把这一口菜吃下去就别想离开餐桌。其实用这些方法都将适得其反，本来可以快快乐乐享受吃饭的气氛，后来反而会让孩子对上餐桌吃饭这件事情心生恐惧，妈妈喂饭也喂到气得半死，对父母、对孩子都没有好处，弄得两败俱伤。

◎活力旺盛但胃口有限的孩子

　　这种孩子爱玩不爱吃，每次吃饭都要三催四请，但他还是专注于他的游戏无动于衷。这类孩子的特征是活泼好动，但很少有肚子饿的迹象，吃饭的时候容易分心，吃一下又想跑掉。

　　根据研究，长大不爱吃东西的孩子往往是从"拒绝副食品"就开始种下起因，也就是从吸奶转换成汤匙喂食或手抓食物这个时间点开始的，如果转换得不顺利，将来就可能对固体食物兴趣缺乏。所以我都会提醒家长要尽早开始给孩子尝试副食品，从四个月大就可以开始了。一来给宝宝体验不同的味道，二来给宝宝训练不同的吃法，不必担心过敏的问题，早一点开始并不会增加孩子过敏的机会。到了宝宝九个月、十个月大的时候，你应该让他边玩食物边吃食物，再趁机从旁边喂。虽然免不了要弄得乱七八糟到处都是，最后还得收拾这一切，但是这样的辛苦是会有回报的；因为孩子会喜欢上食物，更重要的是他会喜欢上餐桌吃饭的感觉,将来长大吃饭的时候自然会乖乖地坐在餐桌,吃完他的东西。

如果孩子已经三四岁了还存在这个问题的话,可以想见的画面就是爷爷奶奶端着碗拿着汤匙,在孩子后面追着跑,小朋友的态度就是爱吃不吃地跑来跑去,这玩玩、那摸摸,让爷爷奶奶像仆人一样地服侍小王爷、小公主吃饭。请不要再这么辛苦了,遇到这种情况的孩子,解决的办法就是要教他们"吃饭的规矩",依我的观察及专家的建议,最好的方法如下:

◆不要一直喂食

其实少吃一块肉或是少吃一口青菜并不会怎么样,重要的是让孩子学会吃饭这件事是自己的事,不是父母要拜托你做的事。过去,家里那么穷,小孩又多,大家抢着吃餐桌上仅有的地瓜、萝卜都来不及了,哪还有人挑三拣四不吃的,不吃的就让他饿肚子!

想想就是不喂他会怎么样呢?他会趴在餐桌上,翘着嘴巴一口也不吃?还是随便吃两口就跑去玩了?或是真的饿了,自己就会动手吃几口?不要担心,这样已经跨出成功的第一步了,请一定要坚持下去,一两餐吃得少,或一两天吃不好对孩子不会有任何影响。如果心软了,忍不住求着他吃饭,下次就会再用这样的态度什么也不吃,或是给你面子吃几口就算数了,又要重头来过,重演这种辛苦的戏码。信不信有的孩子到了小学三年级还需大人喂才肯开口吃饭!到底是谁的错呢?被这样的父母惯坏,吃饭变成一件辛苦的事,最痛苦的其实是孩子!

那么你认为从多大开始才给他自己吃呢?一开始接受副食品就要让他有机会自己动手吃,一直练习一直练习,他就愈来愈有兴趣自己吃,自然而然到了三四岁的时候"自己吃饭"这件事就不会是个问题了。

◆先让孩子饿一下

如果你希望小朋友在吃饭时间乖乖吃饭,当然要让他感觉到肚子饿！像我前面所举的第三个例子，动不动就塞给孩子一点小零食，使孩子一直处于半饱不饿的状态，这些孩子我戏称为"没饿过"的孩子，既然不饿，怎么可能在吃饭时间乖乖坐在餐桌上呢？

这种状况我会建议先从晚餐做起，从中午到晚上这五个小时完全不给任何食物，包括点心、饮料，渴的时候只喝白开水。傍晚的时候带孩子去公园跑一跑，运动一下，消耗热量，让血糖降低，可以促进晚餐的食欲。我发现有一招很管用，就是带小朋友去游泳、玩水，因为游泳的时候需要用到全身许多大片的肌肉，耗费大量的葡萄糖，更容易引起饥饿感，下一餐的胃口就会特别好，不妨试试看！

◆杜绝任何诱惑

对这些吃饭比较容易分心的孩子，请不要再在吃饭的时候给他玩任何玩具，也不应该开电视给孩子看，然后在旁边一直喂。如果给孩子玩玩具或看电视，他的心里对不会专注在吃饭这件事上，孩子完全不知道自己在吃什么，他只是呆呆地张口，眼睛不是离不开他的玩具，就是离不开他的电视，有时候甚至还忘了动嘴巴咬呢！很多家庭就是这样的用餐模式！

但是这样的餐桌气氛是很不对的，用餐的时候是一家人难得相聚的时刻，家人应该把握这个时光好好聊聊一天的所见所闻，沟通彼此的心情，增进彼此的感情，如果大家都自顾自地都没有互相说话岂不是很可惜吗？所以用餐的时候尽量不要有其他干扰，就是专注在吃饭这件事上，孩子才会吃得快、吃得开心。

◆设定吃饭时间

对于胃口本来就不大的孩子，这点更重要，一般希望孩子可以在30分钟之内吃完他的一餐食物。因为当我们开始进食之后，血糖就会上升，等血糖达到稳定高度的时候我们就会觉得饱了，这时候再要孩子多吃一点就会有些困难了。所以如果前面那几点都有注意到了：先让孩子有饥饿的感觉、杜绝任何的诱惑,他就会自己乖乖动手吃,也比较会在血糖还没有大幅上升之前很快就吃光了。一旦30分钟到了,孩子也不想再吃了,我建议就把饭菜收一收了,不需要要求孩子非吃光不可,更不要说"不把这碗吃完,就不要给我下来!"这种话,也不必说"吃完这一碗,妈妈给你吃冰淇淋"之类。

专家的建议是:父母可以决定用餐时间、在哪吃、吃什么,但请把"吃多少"的决定权交给孩子吧!当然时间到了就把饭菜收掉这种做法是用在吃饭不专心、拖拖拉拉的孩子上,如果大家用餐气氛愉快,聊得也很开心,吃一小时也是很幸福的事啊!

餐桌收掉之后接下来才是重要的事,刚刚不专心吃饭旳小朋友相信过不了多久就会饿了,这时候他就会来说:"妈妈,我肚子好饿!有没有什么可以吃的?"此时请坚定地告诉他"没有!",我知道这样做很困难,如果还是不忍心给了他点心,下次用餐时间,孩子又要跟那一碗吃不完的饭痛苦纠缠很久,如此恶性循环,孩子永远处于半饱不饿的状态,但吃正餐饭却又很痛苦。这是大人养成的坏习惯,却让孩子和自己都辛苦!

◆让孩子参与准备食物的过程

三四岁的小朋友最喜欢玩扮家家酒的游戏了,给他参与准备食物的过程他一定会非常开心。我的老婆从小女儿四岁起,每到做晚饭时,就会叫小朋友来厨房,请她们帮忙洗菜,教她们把烂掉的叶子挑出来;教她们怎么捡出坏掉的蛤蜊,还有让小朋友用果汁机打南瓜泥,准备自己待会儿要吃的南瓜浓汤……告诉你,小朋友真的玩得不亦乐乎!其实给他们做这些事情并不危险,也不会增添太多麻烦,还能就近看管小朋友。

你还可以请小朋友帮忙摆碗筷,让他们帮忙,他们也会很有成就感,感觉自己长大了。孩子们的参与度愈高,愈会重视吃饭这件事,等热腾腾的饭菜上桌了,孩子一定会迫不及待地想要吃吃看,并告诉家人"这是我帮忙做的喔"！孩子会因为这是他自己做的晚餐而更爱吃这顿饭。

另外记得，先吃饱的人也不能先跑掉！等大家都吃饱了可以请小朋友帮忙收拾，从简单的餐具先让他练习起，不要怕孩子打破碗盘，如果他真的打破了也不要责备他，因为他下次一定会更小心。这样一来可以赋予他们一些责任心，让他们知道做家务不是妈妈一个人的事，二来可以训练小朋友精细动作及专注的能力。

总之，给孩子参与的机会，让他知道煮饭的点点滴滴，孩子会觉得有趣，也会体会妈妈的辛苦，也不必一直自己唱独角戏，忙煮饭、忙喂饭、忙洗碗，这也太累死自己了吧！

◎感官性挑食

前面提过第5种例子，临床上称为"感官性挑食"。这些孩子吃东西非常局限在特定的口味、质地和外观上，对接受新的食物颇有困难。渐渐地，食材变化愈来愈少，日子久了必定会有些营养素缺乏。通常最常见的就是维生素、铁、锌等营养素会摄取不够，而且同一种东西吃多了也是会有问题的。因为只吃某一类食物，特别是只吃软的东西的话，对于口腔发展的训练也会有所不足，使得孩子日后咀嚼的能力、吞咽的协调性，甚至说话的清晰度都会有所影响。遇到这种情形，解决的办法最重要的就是诱导而不强迫，慢慢把孩子从怕这个食材，诱导到尝试这个食材，进而喜欢这个食材，根据我们家的经验以及专家的建议，我归纳出以下一些方法：

◆让食材消失

如果你认为这食材很棒但孩子短时间内还不能接受它时，就先让这个食材消失吧！举例来说不爱吃南瓜块，可以把它打成南瓜浓汤；不爱吃高丽菜,就把它切碎混入他爱吃的肉与蛋中做成炒饭;洋葱、红萝卜、地瓜蒸泥做成可乐饼……这样仍然可以让孩子在不知不觉中摄取这种营养。

◆慢慢开始

采取渐进式的做法,新的食物只有一点点,每次都出其不意地出现在他喜欢的食物里面,或许这样的尝试要经过 10 次、20 次,若孩子不排斥它的话,就可以加重新食材曝光的次数和比重了。

也可以在小朋友面前表现出一副吃得津津有味的样子,让他也很想尝尝看。切忌用强迫推销的方法,因为这个年纪的孩子正处于执拗期,越是叫他做,他越是偏不要。有的孩子还会因为心理的因素,吃到呕吐!这样不愉快的经历还有可能使小朋友畏惧这项食材,反而适得其反!

◆适度鼓励

当孩子挑战食物成功之后,我都会给他一个"爱的鼓励",让他开心地认同自己,他就会更喜欢再度尝试这个新的食物。经过这样循序渐进的方式,孩子一定可以接受更多不同口感、不同味道的东西,慢慢克服"感官性挑食"的问题!

◎小朋友看起来发育不良、健康状况也不好

这些大多是家庭有些问题的孩子,明显有被照顾者疏忽的可能。这些孩子外观往往都不是很整洁,进食的情形也不规则,有时候还会用糖果、饮料果腹,也因为长期营养不良导致他们的身高体重都低于标准,抵抗力也较差,所以常常生病,而且病得都不轻。

像这样的情形更需要医师积极介入,同时还要联合心理治疗师及社工共同去关心他的家庭,才能根本解决孩子的问题。

小贴士

轻松育儿小撇步

前面有提及有些家长身材便无特别突出，却因为望子成龙心态，希望小孩高大壮硕，我们可以试算一下孩子成人时的预测身高，方法如下：

（A）

男孩的预测身高为（父亲的身高＋母亲的身高＋13）÷2

女孩的预测身高为（父亲的身高－13＋母亲的身高）÷2

（B）

再看孩子现在的身高是多少，现在位在生长曲线的什么百分比，沿着这条线一直延伸到20岁时得到一个数值：代表以他现在的进度，他未来的可能身高是多少。

（A）与（B）两相对照，如（A）（B）相差5厘米以上，表示孩子现在的生长有些落后。这可能有两种情况，一种是孩子目前真的摄取不足，养分不够；另一种是父母小时候也是比较瘦小，到青春期才突飞猛进。所以你可以想想自己小时候是不是也是这样的状况。如果（A）与（B）是吻合的，那就表示小朋友长得很好，家长不必一直给自己压力或给孩子压力，倒不如用心在孩子各项健全的发展上更有意义！

家长一定要注意的挑食
或拒食情形！

◎潜在疾病的征兆

前面解释了许多孩童厌食或拒食的情形,绝大多数通过了解孩子的气质倾向及改善亲子喂养的互动关系之后都能得到明显的改善,不过仍然有些情况是因为孩子有潜在的疾病才使得他吃不下东西,在此特别提出来请大家特别留意。

◆明显的呕吐情形

孩子在进食时经常有明显作呕的动作或是真的吐出来,在新生儿最常发生的就是胃食道逆流,若是一个月大的宝宝有喷射性呕吐,而且愈来愈严重,使得他日渐消瘦,我们就要检查有无幽门肥厚狭窄造成阻塞的问题。若在幼儿有的因反复上呼吸道感染使得咽喉扁桃腺过大及腺样体增生,以至于堵住喉咙的入口,也会造成吞咽困难。

◆口腔疼痛食不下咽

若在进食时孩子会喊嘴巴痛,还伴随流口水,连口水都吞不下去。最常见的就是大家所熟知的肠病毒咽峡炎,其他例如化脓性扁桃腺炎、疱疹性齿龈炎等会造成口腔溃疡的疾病,也会让孩子痛到不能吃饭。

◆经常呛到吞咽不顺畅

孩子在进食时很容易呛到以至于畏惧进食,这在一般的孩子最常见是吞咽不协调的问题,通过学习都会改善。但若是脑性麻痹的孩子常常还会造成吸入性肺炎,就要通过复健治疗、口腔训练才能得到改善。

◆哭闹不安伴随呕吐

宝宝在喝奶后 1~3 小时若有这种现象,而且每次症状和喂奶都有明显相关性,有的宝宝甚至还会解血丝便。这种情形大多发生在出生一个月左右,会持续到 3 个月大左右,但也有的解血便甚至持续了一整年才好。这种病症称为蛋白质所引起的大肠发炎,其中 60% 是纯母奶哺喂的宝宝,40% 是牛奶配方奶或豆奶配方奶哺喂的宝宝,遇到这种状况大多不必太担心,因为等肠子适应之后就会改善了。如果症状太严重,导致宝宝有贫血现象时,我们也可以试试以母奶哺喂的母亲请停止吃任何有牛奶成分的制品,哺喂配方奶的宝宝则可改用蛋白质水解的配方奶,这样宝宝喝奶不舒服的症状就会得到改善。

◆副食品造成的腹痛腹泻

另外一种比较厉害的肠胃道过敏症发生在添加副食品之后,往往也会使得孩子腹痛、腹泻、拒食,这就是麦粉与面麸的不耐症。

这些孩子对小麦麸质、大麦蛋白、裸麦蛋白过敏,它是一种与遗传有关的疾病,小肠黏膜渐渐会被破坏,使得肠胃道无法吸收养分进而导致营养不良、肌肉萎缩、缺钙及维生素 D 以致骨骼发育不良、缺铁性贫血、免疫功能缺失、生长发育迟缓。治疗的唯一办法就是一辈子都不能吃上述这些麦类(除了燕麦例外),小朋友慢慢就会恢复正常。

◆腹腔有硬块与肿瘤

另外有些孩子食物吃不下去则要注意腹腔中有无肿块造成堵塞而影响食欲,例如肝肿瘤或肾肿瘤等等,不过这种情形是少之又少,大家可以不必太过担心。

刻意定时定量喂食小宝宝
反而苦了家长

◎别把小宝宝当成机器人

每个孩子都有自己的生理时钟,对吃的需求也不尽相同。不要说每个宝宝都不同,就算是同一个宝宝,每天,甚至每餐的食欲也不完全一样。所以硬是要规定宝宝每餐都要定时定量,到头来只会把妈妈弄得身心俱疲,宝宝也是经常很不满意地哇哇大哭。

门诊时,经常有妈妈会苦恼宝宝总是不喝奶,或是她的宝宝总是大小餐,进食量不一,这时候我都会先劝妈妈放轻松。宝宝是人,不是机器人,他没有必要按表吃饭,就算是大人自己也并不是每餐胃口都一样好,每餐都吃得很多,不是吗?所以妈妈们不妨以宝宝一天的总量来看,其间虽然有大小餐,或时间有一点提早、延后,都不必太在意,依宝宝的需求来喂食,宝宝才会吃得开心。

◎从平日观察中调整喂食量即可

平常建议3~4小时喂一次的道理,是因为配合宝宝胃排空、肠吸收后血糖再下降所需要的时间大约为3~4小时,但却不是硬性规定、不能改变。如果他提早哭了,下一餐就该加量;如果他喝完你给的奶之后还意犹未尽，就可以再多给一些；如果他这一餐已经吃不下，就别再硬塞；如果他半夜已经可以一直睡都不必起来，就别再把他弄起来吃了。

常常遇到的状况是父母刻意限量，宝宝尚未满足就被剥夺了他最爱的"奶奶"，结果宝宝哭个不停，所谓"怕把胃撑大"，其实绝对没有这回事！或是"吃太多会胀气"也没有道理，孩子胀气往往并不是吃太多所造成的。另外一种常遇到的状况是宝宝明明还不饿，但所谓时间到了，就非让他喝下去不可，这都是不正确的做法。

◎一般宝宝的食量参考表

年　龄	每次奶量	一天次数
1~2 周	60~90 毫升	6~10 次
3~4 周	90~120 毫升	6~8 次
1~3 个月	120~150 毫升	5~6 次
3~4 个月	150~180 毫升	4~5 次
4~6 个月	180~210 毫升	4~5 次
6~12 个月	210~240 毫升	3~4 次

许医师的小提醒✚

严格遵守定时定量用餐，是不符合婴儿的生理时钟的。有研究显示，硬是要定时定量被军事化管理的孩子，虽然在短时间内可受益于管教之效，好像他会知道什么时候该做什么事；但长期来看，若是依宝宝自主的行为，照顾者能适时响应他的表现，满足他的需求，不逼迫、不剥夺，这些孩子将来的情绪会更稳定，自信心会更强。所以有心的家长，不妨调整自己的做法，多试试看！

小贴士

轻松育儿小撇步

我来教大家一个简单的算法：

一个婴儿的细胞基础代谢所需的能量大约 50 大卡 / 公斤 / 天。四肢活动、体温调控、排便漏失所需能量共约 30 大卡 / 公斤 / 天，如果要增加体重必需再吃 30 大卡 / 公斤 / 天就可以。

而每毫升奶大约可提供 0.67 大卡的热量；如果你的宝宝现在有 5 公斤的话，算起来他一天吃到 600 毫升就可维持基本身体细胞代谢所需的热量，再多吃 225 毫升就可增加体重。

这当中的宽容度很大，如果把一天的奶量分配到各餐，每餐要吃多少的弹性空间就更大了。

小宝宝突然解绿便，是不是被吓着啦？

◎ 便便的正常形成

要解开这个谜题，首先要了解大便的颜色是怎么来的。各式各样形形色色的食物经过消化之后来到大肠，再被吸收掉水分，最后就只剩下食物残渣而形成大便。食物在经过十二指肠的时候加入了胆汁，是胆汁造就了大便的颜色。胆汁是由水、胆盐、胆色素、胆固醇及其他酯质所构成，胆汁的颜色则是由胆汁成分中的胆色素、胆红素及胆绿质所决定。老化、被破坏的红色球可释放出血基质在血流中循环，骨髓造血时剩余的血基质也会在血流中循环，血基质随血液运行到人体的网状内皮系统时会氧化成胆绿质，再经另一种还原变成胆红素，然后胆红素由肝脏吸收，在肝脏内几经作用最后得到胆红素双尿甘酸化合物，排出肝脏进入胆道成为胆汁的一部分。胆汁从十二指肠加进来之后与食物混合，就与食物一起进入小肠和大肠内展开漫长的旅程，在这个旅程中，肠道内的细菌也参与消化的任务，这时候重点来了，肠内菌很神奇地悄悄把绿黄色胆汁内的成分消化分解掉了，转而产生棕黄色的色素，这也就是为什么大便是棕黄色的原因。

◎ 吓到并不会解绿便

由上述的说明可以知道，食物在消化的过程中被加入了绿黄色的胆汁,食物一边被消化吸收,胆汁也渐渐被转换成棕黄色,而在正常状况下食物从嘴巴到大肠末端大约需要 12 小时的时间,如果走得太快,使得肠内菌作用的时间不够,胆汁还来不及变色就被排出来了,这时候就会呈现出绿黄色的大便,而不是正常棕黄色的大便了。话说回来,宝宝吓到,到底会不会解绿便呢?当一个人受到惊吓的时候大多会刺激交感神经作出反应,例如瞪大眼睛、精神一振、采取防卫等动作,而交感神经对肠胃的作用是减缓其蠕动,反而增长其排空的时间,细菌更可以慢慢消化胆汁,所以不会排绿大便!

我们平常比较常见解绿便的情况是宝宝拉肚子的时候,因为肠蠕动很快,因此来不及变色,大便就是绿的。还有,有的宝宝食物中铁质含量很高,过剩的铁质吸收不了,就随小肠黏膜脱落的细胞一起排出,也会让大便显得比较绿。

◎边吃边拉是消化不良?

我们的消化道有个很特别的生理现象,叫作"胃结肠反射"。也就是当有食物进到胃里的时候就会把胃撑大,之后通过迷走神经的反射作用传到大肠,紧接着就会刺激直肠蠕动,于是就把存放在肛门口的便便挤出来了。其实绿色与绿黄色的粪便都是正常的,我们比较担心的是宝宝如果排出白色的大便,请一定要带来给医师检查。大便颜色太淡就是因为大便中不含胆汁成分的缘故,它有可能是胆道阻塞了,例如先天性胆道闭锁;也有可能是肝细胞制造不出胆汁了,例如急性肝炎。这些都是很紧急的病,请一定要特别注意!

养育篇

养育观念要正确

小朋友这样带才会头长壮壮

孩子的成长包含身高、体重、头围,这些我们称之为"生长";另外更重要的是"发展",例如粗动作发展、精细动作发展、理解力及智能发展、人际关系的发展,这些远比孩子有没有长得胖嘟嘟、是不是高大要重要得多。我们从孩子日常生活中的点点滴滴就要帮他注意:"发展"是不是赶上进度?如果有落后的情形就要尽早请医师为孩子作评估。这一章节我将告诉各位家长关于孩子发展的一些重要的观念,并破除一些错误的迷思。

小男孩洗澡必须将包皮翻开清洁比较好？

◎过度拉扯当心撕裂伤

很多认真的家长们总是对小宝宝照顾得无微不至，生怕他身上长了小痘痘，或是身上哪个小角落没有洗干净！于是连包住的地方也一定要翻开来，彻底清洗一番！其实男宝宝的包皮及龟头是紧密地黏合在一起的，所以两者之间不会有什么脏东西掉进去，如果硬是把它扯开，一定会造成严重的撕裂伤，同时因为这个动作，反而撕开了一个空间，让脏东西开始往里面掉。

我常常在门诊看到焦急的家长抱着号啕大哭的宝贝来求诊，打开尿布就看到小鸡鸡流血，一问之下才知道原来是家长太用心清洗宝宝的包皮了！其实清洗男婴的包皮是有方法的！只要轻轻地把包皮往后退，退到有阻力的地方，洗到这里就好，不要再往下剥了！黏合的地方是不会有脏东西掉进去的。

◎使用药膏也很有效

三岁后，如果龟头还是没露出来，也不必急着去割包皮，现在大多用类固醇药膏来擦。使用的方法也是轻轻地将包皮往后推到有阻力的地方,就在这里涂一圈药膏,然后把包皮放回来。隔天再往后推一点点,再在这里涂上一圈药膏。慢慢地,大约一个月的时间,龟头就会完全露出来了。这个方法既简单,又不痛,还不必开刀,家长不妨试试。

◎小男孩是否该趁早割包皮

2000年国外期刊刊载了美国有个医学中心一年出生男婴约15000人,其中65%都做了包皮环切手术;这些男婴在一岁之内有150人得了尿道感染,其中85%是没有割包皮的孩子。所以这样算起来,没有割包皮的男婴在一岁以内得尿道感染的几率约有2%,而有割包皮的男婴在一岁以内得尿道感染的几率约有0.2%,可见割了包皮的男婴得尿道感染的几率比较小。另外有人去研究,割了包皮之后的男婴尿道口附近的常在菌丛多是一般皮肤上的表皮菌,如金黄色葡萄球菌;而未割包皮的男婴他们尿道口附近的常在菌丛多是易造成尿道感染的肠内菌,如大肠杆菌及克莱白氏菌等等,可见不同的尿道口环境会囤积不同的细菌。

2009年的实证医学统计显示,在南非、乌干达、肯尼亚等非洲国家艾滋病盛行的地区,男生割包皮可以有效降低后天性免疫不全病毒(HIV)的散播,因为包皮内面是黏膜表皮,没有角质层的保护,在发炎时很容易被HIV病毒入侵而造成感染。还有些研究显示割包皮也能保护其他性病的传染,例如疱疹病毒(HSV)、人类乳突病毒(HPV),还可以预防发生包皮炎、龟头炎、嵌顿式包茎,甚至侵袭性阴茎癌的发生等。看了这么多关于割包皮好处的研究报告,你是否觉得男婴一出生就帮他割包皮呢?其实这也不尽然,因为更多的研究报告出炉后,对新生儿男婴割包皮又有更多不同的看法。

◎ 支持不割包皮的根据

2011 年另一本医学期刊发现割包皮在男性同性恋者之间的 HIV 预防及其他性病防治上并没有显著的实证医学相关性；2011 年在澳洲的研究也显示，男婴割了包皮并不能拿来作为"预防性病的预防针"，割包皮用以预防艾滋病及性病只在非洲一些地区有其实证医学的证据，在其他地方并没有这种相关性。可见要预防性病应该着重做好个人卫生与正常的性关系，而不是利用割包皮来避免性病的传播。而且我们还要考虑到新生婴儿做这个手术是否安全？我们是不是低估了手术的危险性？这个手术对婴儿是否造成痛苦？而且更严肃的是这是否符合婴儿的意愿与人权？在医学伦理与法律上，为一个没有自主权的婴儿做这个决定是不公平的。

美国小儿科医学会也总结，虽然"新生儿男婴割包皮"是有一定的好处，但是不能因此就全面地把全国新生男婴都割包皮，这是不符合公平正义的。这些人都是基于为婴儿争取自主权以及为避免婴儿受到不必要的伤害而反对这个手术，因为割包皮并非万无一失的啊！手术有的时候会造成皮肤溃疡、尿道口狭窄或皮肤结痂纤维化拉扯住龟头。根据统计，每 476 个割包皮手术就会发生一例并发症；割包皮每避免 6 个宝宝发生尿道感染就要付出 1 个宝宝发生手术并发症的代价。

◎ 全盘考虑后再决定

所以各位父母是否也做好决定了呢？不论要做什么决定都应该要完全了解：宝宝割包皮是基于什么理由？它有什么优缺点？宝宝割包皮是怎么割的？由谁来割（宗教人士、妇产科医师、小儿外科医师）？宝宝进行手术有没有麻醉？手术后怎么照顾？会不会有并发症？你可以替宝宝做决定吗？如果都考虑周全了，相信一定可以做出最好的决定。

在这儿，我要特别提出一些一定要割包皮的理由：

1. 箝顿式包茎，因为勃起时包皮卡住肿胀发黑。

2. 包皮过紧以至长大后龟头无法露出。

3. 包皮上有病变需要割除者。

许医师的小提醒➕

另外有一些特别状况是一定不可以割包皮的，例如：

尿道下裂绝对不可以割包皮，因为将来修补尿道下裂是要用到宝宝的包皮的；

阴茎受组织牵扯弯曲向上。

阴茎埋藏在周围脂肪组织外露的部分很短；

阴茎底部的阴茎皮肤缝没有在正中间，意味着内藏阴茎扭转的可能性；

阴茎的外观明显偏向一侧；

阴茎包皮与阴囊皮肤黏合在一起，使阴茎无法独立操作。

小宝宝从床上跌落，
会有脑出血危险，
要赶紧做脑部 CT？

◎当心惊人辐射量

我在急诊值班时，经常会见到父母抱着 9 个月左右大的婴儿来，说宝宝刚刚从床上跌落了，头部着地，拜托做一下脑部 CT 看看有没有问题。其实经过仔细的身体检查及神经学检查，发觉孩子的精神活动力正常，眼神灵活东张西望、抱妈妈抱得很紧、很怕陌生人、前囟门平坦无突起、四肢活动正常并无受限。此时我就会劝父母先别急，孩子目前的状况很好，我们后续应注意的是什么。解除父母的焦虑，并确定孩子目前无异状，父母也就能安心地带宝宝回家，再注意观察就好。

首先要知道，X 光不是个好东西，脑部 CT 的辐射量更是惊人，做一次脑部 CT 所接受的辐射剂量相当于 40 倍的普通胸部 X 光的辐射剂量，让孩子做这个检查其实并非必要，特别是在孩子的理学检查完全正常的时候；如果只是为了求放心，更不应该给孩子做这个检查，因为结果往往是正常的。在这个时候，医师的责任是告诉家长后续可能会发生的状况，例如迟发性出血或缓慢性出血，以及教导家长如何观察孩子的症状，例如眼神呆滞、步态不稳或持续呕吐、囟门膨出、抽筋等等。

做家长的也要尽到自己的责任,听从医师的指示,好好观察宝宝的状况,经过两周的观察期,如果都很平安就没有问题了。

◎听从医师建议即可

值得一提的是,医病关系紧张的现在,很多医师拗不过家长的要求,即使宝宝明明很好,他也只好做防卫性医疗,安排很多不必要的检查,因为病人的病况总不是百分之百不会有任何改变,倘若有那么万分之一的漏失,家长可能不容易接受。因此就给孩子安排一大堆检查,其实最后受苦的还是孩子。在这种情况时我常安慰焦急的爸爸妈妈:"宝宝 OK!我们再好好观察注意就好,用眼、用心比用机器更能看到宝宝的健康。"

◎婴儿摇晃症候群

另外要提醒父母留意婴儿摇晃症候群。婴儿的头相对地占身体较大的比例,就好像牙签上插着一颗贡丸一样;婴儿的脑血管又很脆弱。在剧烈摇晃的时候,甩动的力量容易造成脑组织损伤、小血管破裂形成蜘蛛膜下出血或发生脑部小静脉栓塞,这多半是因为一些不经意的动作而导致,例如:宝宝放在婴儿摇床里上下晃动得太大力;爸爸逗弄婴儿时把他大幅度地上下抛接;婴儿坐车时没有使用后向式婴儿安全座椅固定好,紧急煞车时婴儿急速往前倾而甩到他的颈部;或是有时照顾者受不了孩子的吵闹,情绪失控地用力打他或是使劲摇他。这些动作对婴儿都会造成伤害,一定要特别注意!

新生儿太早学站会变 O 型腿，太早学坐会得脊椎侧弯？

◎ 别被外观给误导了

那只是外观上的错觉，小宝宝因为有双小胖腿，所以外表上好像弯弯的，其实如果照 X 光，我们可以很清楚地看到里面的小腿骨是笔直的，所以就别再烦恼了。骨骼是由矿物质和有机物所构成，矿物质有钙和磷，有机物叫作类骨质。当骨骼中的矿物质缺乏时骨骼会变得松软，腿骨因承受体重的压迫就会变得弯曲，称为"佝偻病"。

◆ 吃配方奶的宝宝

在以往的年代，奶粉的成分若是钙磷比例不对，或是维生素 D 不足的话，确实会造成新生儿骨骼疾病。但是现代的配方奶都已经做到很好的调配，使每 100 毫升的奶提供 50~75 毫克的钙，并且维持正确的钙磷比约为 1.4~2∶1，以促进钙磷在骨骼上的沉积；另外还会添加维生素 D 使得钙磷的吸收更完全，所以不会有缺钙、磷或维生素 D 的问题。

◆ 吃纯母奶的宝宝

现在母亲摄取的营养都很均衡，纯母奶哺喂的宝宝也能得到足够的钙和磷，若再注意让宝宝接受充足的阳光照射，宝宝就会制造出维生素 D，帮助骨骼的成长。只是要记得我前面提到：为了维持婴儿血中足够维生素 D 的浓度，建议纯母乳哺喂至 4~6 个月的宝宝，可以从 4 个月开始每天给予400IU的口服维生素 D 补充剂,直到开始使用固体食物为止。所以只要宝宝吃奶的量正常,天气好的时候多抱出去晒晒太阳,并适时添加副食品,要因为养分不足而造成佝偻病、O 型腿,其实并不多见。

比较有趣的事是,很久之前,结核病盛行,有的宝宝得了脊椎骨结核病,结果稍微一坐起来受力,脊椎骨就骨折了,难怪老一辈的爷爷奶奶会有"婴儿坐起来脊椎会弯掉"这样错误的认识,所以总是不让小朋友坐起来。现在婴幼儿结核病并不多,因此就没有这个问题了。

其实重点是,我们应该要重视婴幼儿发展!我们鼓励让孩子练习坐起来或站起来,就是要注意孩子的动作发展。

◎对幼儿腿形及脚形应有的正确观念

要注意孩子是否有"弹性扁平足",或是"僵性扁平足"。所谓弹性扁平足就是他脚没有踩下去的时候足弓还在,但是一踩下去就扁掉了,这种多半是正常的,等他长大韧带强固之后就会好了;所谓僵性扁平足就是他脚还没踩下去的时候就没有足弓了,这种情况有些是足骨或跟腱的问题,可以让儿童骨科医师检查一下。

其实 2 岁以下婴幼儿腿部最重要的病是"发展性髋关节发育不良",这是婴儿髋关节成长过程会发生的问题,特别是臀位产的宝宝、怀孕时羊水过少的宝宝、膝过度伸直的孩子或有家族史的孩子。

程度轻微的用石膏固定矫正,程度严重的则要开刀治疗。其实在健儿门诊医师都会帮你注意到这个问题,平常自己也可以留心宝宝有没有"长短脚"的现象,并避免对髋关节有害的不良坐姿,例如 W 型坐姿,多给孩子保护髋关节的好坐姿,即平坐两脚打开 90 度。早点发现问题,治疗都会有很好的成效。

替小朋友刷牙有方法，轻松清洁没烦恼！

◎善用小朋友的模仿习性

"医师啊！我们家的宝贝都不让我帮他刷牙，我只好硬是伸进去，随便刷一刷。"这样的状况是不是经常在你们家上演啊？其实帮孩子刷牙是有秘诀的。一岁以下的宝宝牙齿还不多，用纱布巾擦擦就好了；一岁以上的孩子牙齿愈长愈多，吃的食物也复杂，这时候可得认真清洁才行。一岁多的孩子最喜欢"模仿"了，可以好好利用他们这种特质来养成刷牙的好习惯。

首先，每天晚上到了睡觉前，先请一位演员来，可以是小哥哥、小姐姐，也可以是爸爸。他们先来，把头躺在妈妈的腿上，妈妈先刷临时演员的牙，不要理会小朋友，过不了多久，我保证小朋友一定会好奇地跑过来看你们在玩什么游戏，这时候就骗到手了！换他躺下来，就开始一颗一颗刷他的牙。第一次他一定玩一下就不玩了，没刷几颗就想跑了，没关系，就让他去吧，明天同一时间、同一地点、同一批演员、再做同一件事，第二次就可以刷更久一点了。渐渐地让这件事变成一个睡前的"仪式"，我保证过不了多久，小朋友到了那个时间就会自己来找你报到，恭喜你，训练刷牙成功了！

这个年纪的孩子很喜欢参与或进行这样重复、固定的仪式，利用孩子爱模仿及仪式化的行为特性达到想教他做事的目的,要按部就班、持之以恒,不要强迫,用强迫的方法一定会失败。

◎洁牙的技巧与重要概念

我要提醒爸妈,婴儿刷牙并不需要使用牙膏。因为洁牙的重点是在机械式的动作,也就是牙刷和牙齿之间的摩擦,借此移除牙齿与牙肉之间的牙垢,达到清洁的效果。牙膏多半只是提供一个清凉的味道,对洁牙并没有任何帮助。

建议大家不妨去买儿童专用电动牙刷,用电动牙刷只要轻轻碰触几秒就可以清洁好一颗牙,用手动的刷到干净实在要好久,小孩子恐怕耐心有限。再来,小孩洁牙的重点在清洁咬合面以及牙齿与牙肉的交接处。另外如果孩子愿意让你使用牙线清洁牙缝那就更完美了。下面整理了一些关于婴幼儿牙齿保健的重要概念:

◆有牙即可看牙医

婴幼儿从 6 个月大开始就可以每半年看一次牙医。

◆不要代替小朋友先咀嚼食物再喂食

因为成人口腔内有很多不好的菌丛,会破坏宝宝口腔中清洁的环境。

◆乳牙蛀牙会影响日后永久牙健康

因为蛀牙菌会持续存在于孩子的口腔中,使得新长出来的牙齿再遭蛀蚀。有的家长以为乳牙蛀掉没关系,反正还会换牙,其实这是不正确的想法。

◆小心黄色牙菌斑

牙齿和牙龈交界处,如果有一些黄白色的污垢,这就是牙菌斑。当人们吃进食物之后,有些口腔中的细菌就会把这些食物当成养分,经过半小时,便形成牙菌斑。1立方毫米的牙菌斑含有2亿个细菌呢,真是惊人!牙菌斑在牙齿上的附着力相当好,不容易清除,它会释放酸性物质,使珐琅质被侵蚀,造成蛀牙;它还会产生毒素,导致牙龈发炎,然后变成牙周病,真的要很小心啊!可得努力把牙菌斑刷下来。

◆避免让小朋友太早接触甜食

糖分过多、过高容易形成蛀牙。

◆一岁半开始戒奶嘴

以免造成上门牙开咬,甚至使上颚骨变形,影响到日后永久牙的萌发位置,变成暴牙,以后还要做齿列矫正。如果宝宝过了一岁还有夜奶的情形,请记得在吃奶后要清洁牙齿再睡觉,更不可以让宝宝含着奶瓶或奶头睡着,这样他的牙齿一直泡在奶里面,会造成奶瓶性蛀牙。

◆可尝试涂氟或吃氟锭

宝宝有牙就可以带去涂氟,但一般我们都是从两岁开始,孩子比较能配合,每半年涂一次,这样可以有效强固宝宝牙齿的珐琅质,避免蛀牙。吃氟锭也是一种健康观念。氟锭吃进去吸收后,经过血液来到牙胚,与牙齿的钙质结合,让日后生长出来的牙齿具有抗酸性。通常可以从6个月开始吃,直到12岁牙齿都换完为止。

◆养成日常保健好习惯

到了学龄期要注意孩子养成牙齿保健的好习惯,善用牙刷、牙线,每半年定期看牙医,并注意上下颚发育有没有咬合不正的情形。

从孩子的牙齿就可以看出父母的用心。辛苦的爸妈们,虽然这些牙齿的清洁保健需要多一点的耐心、恒心,但相信从孩子甜美的笑容中看到的一口白牙,会让你觉得这一切努力都是值得的!

许医师的小提醒✚

关于牙齿保健,专家给我们的建议有:

还没有长牙的婴儿可用纱布清洁他的牙床;

长一颗牙的婴儿可用纱布、牙刷清洁他的牙齿;

有 2 颗并列牙的婴儿用纱布、牙刷、牙线来清洁他的牙齿;

6 个月到 2 岁的幼儿用牙刷、牙线、吃氟锭来保护他的牙齿;

2 岁到 6 岁的儿童用牙刷、牙线、吃氟锭及定期涂氟来保护他的牙齿;

6 岁到 12 岁的学龄儿童用牙刷、牙线、吃氟锭、含氟牙膏、定期涂氟及含氟漱口水来保护他的牙齿。

两岁还是不大会说话，是否发育迟缓？

◎语言学习应仔细观察

到健儿门诊来给我看的孩子,有些到了一岁半了还是不大会说话:有的是表达词汇很少,有的是理解力很差。这些孩子有的是单纯语言发展迟缓,有的其实是合并自闭症的问题。以往老一辈的人会觉得小孩子慢说话没有关系,但是现在大家都知道,语言发展迟缓应该要及早介入,积极治疗才是对的。若是等到过了三岁前的黄金治疗期再来进行疗育的话,效果必定大打折扣。

所以,发展迟缓的小孩若是一直被延误到进入小学的时候才被老师发现有学习障碍、人际关系困难等问题的话,再要急起直追也已经为时已晚了。

那么你会问:怎么样的讲话慢是有问题的? 怎么样的讲话慢是可以等待的呢?

以下我列出一些语言发展的重要里程碑,给各位家长参考,可以仔细对照自己宝宝的状况! 语言发展应该分成两部分:即"语言接收"与"语言表达"。

◎语言的接收部分

年　龄	
出生到 2 个月	确定听力筛查,对巨大声响会吓一跳。
2~4 个月	听到熟悉的妈妈的声音会安静下来,且眼睛闪亮。
4~9 个月	对环境中的声音表现出很有兴趣的样子,知道声音从哪个方向来。
9~12 个月	听到有人叫他的名字会转头; 听懂妈妈的指令做掰掰、拍手等动作; 会看大人的脸色、动作,了解"不行"的意思; 大人比划远方的东西给宝宝看,他会顺着大人手指的方向看远方的东西。
12~18 个月	听懂大约有 50 个名词了; 叫他比眼睛、鼻子、嘴巴可以比出来; 叫他去做什么事,可以听得懂。
18 个月 ~2 岁	大人叫他"指出图画里的小狗给我看",他可以做到; 可以分辨"你"、"我"的意思。

◎语言的表达部分

年　龄	
出生到 2 个月	即使是哭,肚子饿的哭、尿湿的哭也有所不同。
2~4 个月	会发出咿咿呀呀的声音,开心时会大叫; 你跟他说话他会跟你回答。

4~9 个月	会发出 baba、dada 的音； 会自己讲话,自得其乐。
9~12 个月	声音会加入高低起伏的语调； 会用身体语言来沟通,会用手势表达需要。
12~18 个月	开始说出有意义的字； 会模仿大人说话。
18 个月 ~2 岁	会说的单字已有 20~50 个； 会说出组合 2 个字的词组(如：妈妈抱抱、脚脚痒痒)。

经过以上的说明,相信家长们一定都很了解,在语言发展上,小朋友在什么阶段该要会什么了。

在平时的健儿门诊若发现小朋友到 1 岁半仍有语言发展较慢的情形,我都会鼓励家长先不急,再多给予刺激,可以观察到 2 岁,因为孩子的语言发展有一个 "语言爆发期",也就是在 2 岁左右会突飞猛进。除非到 2 岁仍没有进展或是虽然还没到 2 岁,但真的差太多,且又合并自闭症倾向时就要及早带到医院做进一步诊断!

训练幼儿大小便，操之过急反而会有反效果！

◎两岁训练是较合适的年纪

"许医师啊！我们家的小孩好棒啊！才一岁我给他把尿，他就真的会听、会尿！""许医师啊！那我们家的小孩都一岁了，大小便都还不会讲，我就打他，他还是乱尿！"这两个场景我在门诊都时有所闻。你的孩子是哪一种状况呢？如果回答是"两者皆非"那才是正确！婴儿要到一岁半左右才能慢慢学会控制自己的膀胱，在这个阶段之前他总是毫无预警、毫无意识地在任何时候都可以便便。要在一岁的时候就会听懂指令尿尿，若不是凑巧，就是照顾者太了解宝宝的生理时钟了！

我建议大家不妨等宝宝两岁再来教大小便。这时候孩子理解能力强，学习快，成功率也高。根据心理学家的研究指出：我们应该先观察孩子是否已经做好接受训练的准备，他是不是可以一连三个小时不尿湿，这表示他已经能稍稍控制自己的膀胱了。接着我们就要运用一些心理学的理论来帮助孩子完成如厕的训练。

◎模仿

模仿是这个时期最重要的心理发展，我们可以让他看看大人使用马桶的样子,然后为他准备一个专属于他的小马桶,或是一个放在大人马桶上的小马桶盖,教他走到小马桶旁,脱下裤子,坐下来,安静地坐上几分钟,再站起来,穿上裤子,不一定要有尿出来,如此完成模仿的仪式。

在进行这个动作的时候同时教他有关如厕的字汇,例如便便、嘘嘘等等,让他脑袋联想听到这个字就是要来这里做这件事。

◎正向增强

接下来我们可以给他穿学习裤,不再穿尿布,这样才能教他在想尿时立即明白"刚才是想尿尿的感觉,现在湿湿热热的是尿了"。教他有"想尿尿的感觉"时就到小马桶旁脱裤子,然后给他一个奖赏。这个奖赏可以是在小马桶旁边的一大张奖励卡上贴一张贴纸,可以是一个小点心;可以是一个拥抱,也可以是一个爱的鼓励拍拍手。看他最爱什么样子的奖赏,投其所好,这就是心理学上的"正向增强"作用,目的是要正向增强他去感觉自己的"尿意感"。

◎塑造

再来就是塑造他的行为。首先叫他带自己的洋宝宝来使用小马桶,并且在宝宝完成动作的时候给宝宝一个小礼物,接着告诉他:如果他也像洋宝宝一样可以完成尿尿的动作,他也会得到一个小礼物。一开始只要他愿意来小马桶就给奖赏;等他愿意来之后,接着就要来了小马桶并且脱了裤子坐下才给奖赏;等他愿意坐下之后,再来就是必须乖乖坐 3 分钟才给奖赏。这就是运用技巧一步步地导引他、塑造他新的行为模式的建立。

◎操作型制约

孩子愿意乖乖地坐一下之后,当然要抓对他可能快尿的时机才叫他来坐马桶!当他坐下时给他鼓励的赞美,给他轻松的气氛,静静地等待尿出来的那一刻。当他察觉尿尿开始出来的一刹那,马上为他欢呼,虽然有点夸张可是却很有效。

这一连串操作型制约的心理模式虽然好像训练得很吃力,但是只要建立起一次这样的行为模式,他就会了解要怎么感觉自己的尿意、要怎样放松自己的括约肌、要在哪尿、尿完了还可以叫他自己拿去倒呢!小孩子会很有成就感喔!带孩子也会带得很开心。至于大便教就更简单了,因为小孩想大便的时候很明显会变脸,一定看得出来,依上述同样的方式教,应该比小便更容易掌握吧。

在学习的过程中难免有意外发生,例如尿了才讲,或弄脏了衣服,此时请千万别骂他或打他,因为这样会让他对如厕这件事情感到罪恶、感到紧张。要知道焦虑常会干扰学习,甚至会把原有学习的成果全都推翻了,以后他要大小便更不敢讲,更容易再尿湿衣服,更会再被惩罚,更会导致一切都失败的恶性循环了。

> **小贴士**
>
> ### 轻松育儿小撇步
>
> 我要提醒大家的首要原则是:训练孩子大小便一定不能操之过急,更切记切记,绝对不能出手打孩子!

幼儿长牙是否
与发烧有关联呢?

◎发烧是成长必经过程

门诊的时候,奶奶带着才9个月大的小孙子来看病说:"医生啊!孙子发烧,是不是要长牙啦?"这是一个很常见的场景,妈妈也很常说:"宝宝以前都不发烧生病的,怎么现在突然烧得这么高?"

其实这个道理很简单,宝宝在刚出生的头几个月家长鲜少让他出门,六个月大之后就会带着他到处串门子,接触到的人愈来愈多,很自然的接触到的病毒细菌就多,只要是没有碰过的病菌他就一定会发生感染,就得发烧一下。这其实是一件好事,就像一个没见过世面的小兵,总是必须经过一番锻炼,才能变得身强体壮。每一次感染都使得宝宝增加一些新的抵抗力,这是必经的过程,家长不必为此太过担心。

根据最新的实证医学研究统计:长牙确实会发烧!不过是微烧,这样的发烧对孩子完全没有任何影响。所以如果是高烧的话,往往是这个年纪常发生的病毒感染的情形,那就不是长牙引起的发烧!

◎一生一次的玫瑰疹

在这个年纪,宝宝有史以来第一次高烧不退,实在令家长忧心得不得了，最常见的病就是感染了"玫瑰疹病毒"。这个病好发在 9 个月到 18 个月大的幼儿，症状是毫无预警的突发性高烧，而且一烧就是 40 度。任凭再怎么替他退烧，他还是天天烧，而且持续高烧 40 度都退不下来；更糟的是，除了发烧以外几乎没有其他症状，所以更加令家长烦恼。所幸孩子在退烧的时候精神很好，这样就让人比较放心一些了。折腾了三天之后，小朋友终于在第四天突然间退烧了，同时全身从头开始到前胸、肚子、后背都发出红色小块状的疹子，四肢也有，但少一些。这时候大家都松了一口气，就是出玫瑰疹！玫瑰疹大约九成的人一辈子就发这么一次，所以日后宝宝若再有高烧不退的情形可得仔仔细细地找找是什么原因！

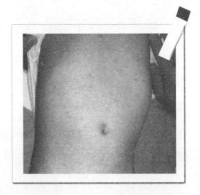

玫瑰疹的实际案例

说话含糊不清，大舌头长大自然就会好？

◎语言障碍与构音异常

平时我们常常会听到一些孩子说话时有几个特定的声音发不标准，很呆的模样，实在很可爱，家长也感觉无伤大雅；不过如果到了小学还是这样的话往往会造成孩子社交的障碍，甚至成为同学取笑的对象，所以这种构音异常的问题一般必须在入学前做好妥善的处理。根据统计，学龄儿童语言障碍及构音异常的比例约有0.9%~6.2%，小学一年级新生构音异常的比例甚至到9.8%，可见这是一个普遍存在的问题，值得大家更重视它。

我们要说出一个字看似简单，其实这当中包含了各种复杂的过程，只要其中一个环节出了问题就无法正确地发出这个音。一开始必须由大脑下达命令，接着由胸腔提供适合句子长度所需的气流流经气管，振动了声带，提供了声源，通过颚咽鼻腔产生共鸣，再由舌、唇、齿等器官的摩擦、阻断，来修正发音的位置、时间、速度及方向，最后才成为正确的音，是不是很复杂呢？

所以要一个孩子字正腔圆地构音其实并不是一件容易的事，这需要成熟的智能、正常的结构、良好的肌肉协调再加上聪明的学习能力才可能完成构音的过程。所有大大小小的缺失都会导致最后发出来的语音不是那么精准。如果这样说还不太能体会的话，试着想象，请你发发法文的"r"，也就是振动自己的"小舌头"悬雍垂及软腭来发声；还有拉丁文的"r"，也就是连续快速打大舌头的动作，是不是很难啊？因为这些我们平常很少用到的发音方式是我们所不熟悉的发音位置，我们就发得不标准，因此可见小孩子学说话也是一件不容易的事啊！

◎ 何谓构音异常

构音异常有一些常见的形态及分类，非常专业及复杂，你会很难理解为什么孩子会把音发成这样，下面也做了分类与简单说明：

◆替代

以学过的音取代还没学会的音，如"学校"说成"学叫"。

◆省略

声母或韵母，如"谢谢"说成"叶叶"。

◆赘加

加入一个不必要的音，此类受方言影响很大，如"老师"说成"老书"。

◆声随韵母省略鼻音

如"太阳"说成"太牙"。

◆前置音化

就是所有语音都习惯由口腔前半及舌尖发音，如阿公变阿东，裤子变兔子。

◆后置音化

就是所有语音都习惯由口腔后半及舌根发音，如蛋糕变干糕。

◆整体语音不清晰

这就常发生在听力异常、唇腭裂、脑性麻痹等孩子身上。

为什么有的孩子会构音异常呢？这关系到孩子的听力、构音器官、口腔灵敏度、智力、环境及人格特质等等，一般建议孩子到了三四岁以后如果还有说话不清楚的问题时就应该介入，开始语言治疗。大部分构音异常的小朋友经过适当的治疗，在半年内都会有很大的改善。所以家里如果有这种困扰的孩子请不必担心，适时请专家指导，切勿取笑或给压力，父母的支持及正向鼓励，并协助孩子在家多多练习，这样假以时日，一定会有令人满意的结果。

小贴士

轻松育儿小撇步

口腔运动训练可以帮助孩子发音更标准！

给小朋友一些粗糙、需要咀嚼的食物以训练口腔活动力；

请小朋友做嘴部肌肉运动；

嘟嘴、露牙、吹气、舔嘴唇、大笑、鼓颊、交替吐舌收舌、舌在口中顶颊、舌在口中顶上颚、舌顶硬腭发出嗒嗒声；

训练"轮转"的能力；

练习由唇→到前口腔→到后口腔发音位置的转换，可以使小朋友控制口腔动作更灵活。

小女生胸部居然发育了，
是塑化剂或环境荷尔蒙
的影响吗？

◎早发性乳房生长

这个情形在门诊并不少见，家长也都
很讶异，小宝宝怎么这么早就胸部发育
了？其实这种状况称之为早发性乳房生
长，临床上最常在 6~12 个月大的时候被
发现：我们可以在女宝宝乳头下方摸到
会跑来跑去的硬块，乳房也会隆起，可能
是单侧的也可能是双侧的，这种乳房增生
的症状往往会持续两年左右，不过最后都
会恢复正常。

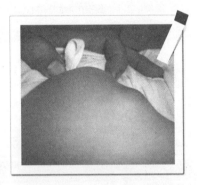

若出现早发性乳房生长可检
查骨龄或内分泌是否正常

比较困扰家长的是为什么会这样呢？可惜到现在还没有找到确切
的原因，不过可以确定的是，这种情形多半都是良性的。小朋友的女性
荷尔蒙正常，做腹部超声波检查卵巢及子宫也都还未发育，这时医师还
会帮宝宝加做一个"骨龄"的检查。所谓骨龄就是照左手腕骨及掌骨的
X 光看骨头骨化的程度，可以代表小朋友实际上生理发育的年龄，如果

骨龄并没有超前,表示小朋友内分泌是正常的,这时候我们就不必为孩子乳房发育担心了。

对于这些宝宝重点是要持续追踪,因为有这种症状的有些孩子真的是性早熟的前兆,特别是在四岁左右才出现这种情形的话一定要详细检查,因为有问题的可能性会大增,例如脑下垂体肿瘤、卵巢肿瘤就会造成女宝宝性早熟,我们应该要特别注意。

◎远离塑化剂危害

2011 年闹得沸沸扬扬的塑化剂事件,黑心的商人将塑化剂加到食品中,才让大家注意到环境荷尔蒙及不当添加物对儿童生长发育的影响。所以家长们平时并不需要给孩子补充不必要的营养品,像是钙粉、乳铁蛋白、乳酸菌等等,孩子并不一定需要这些东西,小心未蒙其利先受其害!

也因为这个事件,家长看到女宝宝乳房生长了或男宝宝阴茎太短了,就会很担心是不是吃到太多塑化剂了。邻苯二甲酸酯是工业用添加于聚氯乙烯塑料产品中作为塑化剂的成分,并广泛运用在儿童玩具、食品包装、化妆品、医疗器材上。根据研究:六个月到四岁大的幼儿体内 DEHP 及其代谢有毒产物 MEHP 的浓度确实较高,世界各地的小孩也都是这样,并不是只有中国如此。这可能是因为幼儿常接触塑料玩具、塑料拼贴地垫,又常舔食它们所造成的。所以家长要减少孩子暴露在塑化剂环境中的机会,就要减少居家塑料制品的使用,避免用塑料容器盛装食物,养成吃东西之前洗手的好习惯,才是根本之道。政府机关也应该加强对儿童食品、儿童药品、儿童玩具的安全检验,替儿童做好把关的工作。

◎塑化剂对幼儿的影响

家长若是担心小朋友会不会接触或吃到太多塑化剂,可从日常生活中观察得知:

• 女童如果八岁之前出现第二性征或十岁之前出现月经,则可能异常。

• 男婴新生儿阴茎长度小于 2 公分则可能异常,但是量阴茎长度时要先把周围的脂肪往下压,量到阴茎根部才正确;同时注意男婴有无尿道下裂、隐睪症等与荷尔蒙有关的疾病。

• 男童有无男性女乳症,也就是在乳晕下面有摸到乳腺发育的肿块。

•男孩 14 岁之后应该出现第二性征,且睪丸的长度要大于 2.5 公分;如果没有,就要再进一步检查。

值得一提的是,塑化剂对儿童到底有什么影响呢?目前并没有确切的数据可以回答这个问题,现在我们只是根据动物实验以及流行病学的调查所做出的推论,未来还需要更多的研究才会有明确的解答。

关于女童第二性征的发展综合归纳如下:一岁以内出现的女婴乳房增生大多是正常的,只要半年追踪一次就可以。若是四岁左右女孩出现第二性征则大多有问题,要详细检查内分泌、脑下垂体、子宫及卵巢。等到八九岁女孩出现第二性征则可能真正进入发育期了。

◎孩童青春期生理变化评估

接下来我简单为大家介绍评估孩童发育的方法。用来评估孩童进入青春期生理变化的评估表,共分成五级,第一级为尚未进入青春期,第二级就开始进入青春期了:

女　生	乳房发育	阴部发育	年　龄
第二级	乳头隆起于皮肤之上，似小丘，乳晕直径增长	阴毛稀疏，由中央开始长	始于8~12岁
第三级	乳房及乳晕渐增大	阴毛渐卷颜色渐深	9~16岁，月经开始于这阶段，也就是乳房开始发育后的2~2.5年
第四级	乳头及乳晕形成	阴毛量渐多	
第五级	成熟的乳房，乳头凸出，乳晕隆出，乳房形状在身体的皮肤之外	成熟的成人阴毛，分布为三角形，可延伸到大腿的内侧	

　　男生的第二性征则是从睾丸变大开始，大约两年之后阴毛生长，阴茎长长，渐渐有成人的身材架势。当睾丸开始制造精液，男孩可能会经历他人生的第一次"梦遗"，即在精液储存满了的时候常常会因为梦境的刺激而射精了。这件事对男孩子而言可谓不小的震撼，做家长的要告诉他这是正常的现象，孩子自己才不会感到紧张或羞耻。

　　孩童真正开始进入发育的年龄依人种、地区、饮食习惯而有所不同。根据统计，1980年以前，女童的发育年龄约在10.6~11.2岁；2000年以后平均已经提早到8.9~9.5岁。为什么会有这种现象呢？推测是因为现在"小胖子"愈来愈多，肥胖会使发育提前。

再来是环境荷尔蒙的影响。例如使用塑料制品、杀虫剂、植物荷尔蒙,用雌激素把牛催熟以缩短生长期,用荷尔蒙刺激母牛增产牛乳等,这些我们看不到但却深深影响着我们健康的东西,家长们应该要多注意一下才好!

用学步车学走路，危害大！

◎学步车隐藏危机

有时候妈妈带宝宝来看健儿门诊的时候会告诉我："哎唷！许医师啊，我们家宝贝好棒啊！才六个月就会坐学步车，在家里溜来溜去，会前进后退，速度好快，好开心啊！"

我听到妈妈这样说，不禁为他的小宝贝捏一把冷汗，但当时也不能扫了妈妈的兴，只好跟妈妈说："我告诉你哦！学步车还是少用为妙……"在宝宝的学习过程中，到了六个月大开始可以控制自己的颈椎、胸椎及腰椎，可以坐得很挺，也可以不需扶持自己坐稳；这时候爸爸妈妈就会迫不及待要给宝宝试坐一下学步车，因为看宝宝得意开心的样子，真的会令父母更开心得意！其实这里面潜藏了一些重要的观念需要说明。

◎影响未来发展的学步车

宝宝六个月大以后，动作发展已经可以坐得很稳，而且会伸手抓取他想要的东西，这时候我们的任务就是引导他开始爬的动作，让他去他想要去的目的地，抓到他想要的东西。最好的方法就是先清理出一个地方,然后把他放在地上,给孩子自由发挥的足够空间。

你会看到一开始宝宝坐着的时候会试着挪动自己的屁股到他想去的地方,如果距离太远,他就会趴着用滚翻、用扭动身体的方式往目标前进;再熟练一点的时候他会趴着,双脚用力地蹬,伸手努力去够到他想要的东西;经过练习,最后就能够很棒地肚子离地、手脚协调合作地一步一步往前爬。这是宝宝成长的过程,是需要经过学习的,而学步车正好阻碍了这样的学习。我常告诉家长,坐在学步车上通行无阻只是一个假象,如果放他出来,他就什么都不会了。所以学步车不是学步车,它不能训练宝宝走路,只会减少宝宝学爬的机会,这是我们不鼓励使用学步车最主要的原因,与脚会不会变形没有任何关系。

另外一个重要的原因是,当孩子开心地坐在车子里面横冲直撞时其实是危险的,他可能会撞到桌脚,可能会撞翻热汤,也可能会直接翻车,因此有些国家甚至禁用学步车!

小贴士

轻松育儿小撇步

多利用机会在宝宝六个月大的时候把宝宝放在地上和他玩,训练他坐与爬的动作发展。学步车只是用在忙不过来的时候,孩子暂时放一下而已,千万不要一直把孩子放在学步车里面,更不要认为学步车可以训练孩子走路!

小朋友一天到晚吃手指，
该不会连细菌都通通吃下肚吧？

◎顺其自然的生理本能

小宝宝从四个月大开始就有明显吸吮手指的动作，你会发现他先是仔细端详自己的手，这也是认知发展的一部分，看完之后就把整个拳头吃进去。

稍微再大一点，等他的精细动作发展得更好，会张开手指头的时候，他就会一根一根地吃了。到了六个月大的时候会发现，只要是他伸手可及的东西，他就要拿来尝一尝，非吃过瘾不能停止。也许这时候家长见状，马上把宝宝的手一打，并告诫他"脏脏……"。

这样的场景屡见不鲜，其实小宝宝吃手是很重要的一件事，切不可以过度制止他。根据心理学大师弗罗伊德的理论，从出生到12~18个月大属于儿童心理发展的口腔期，婴儿会通过嘴巴去认识环境，并借着这个方式得到满足。例如吸吮乳头、吸奶嘴、吸手指以及任可以放进嘴巴的东西。

因为婴儿是由本我所控制，它是一种本能的冲动。本我是依照欢乐原则来做事，所以婴儿会通过最简单的口腔吮、含、咬、舔等追求心理上的满足，这是正常的！不要再阻止他了。

弗罗伊德认为，如果在某个发展阶段没有得到充分的满足，他可能到长大都一直要追求这种满足,例如长大了一直喜欢咬手指甲或显现出好批评别人的个性等等。所以每个发展阶段的步骤都有其必要性和重要性,我们不可以限制婴儿发展所需要的东西。

小贴士

轻松育儿小撇步

如果爸爸妈妈怕小孩手脏就应该维持好环境的清洁,把孩子的手擦干净,这样就可以放心地让他吃过瘾!大拇指大小适中,又方便吃,难怪宝宝会这么喜欢,就给他一个大大的满足吧!

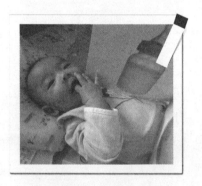

只要保持手部清洁,
小朋友吃手又何妨呢?

无法脱离生病、看诊、吃药的循环，上学真的好吗？

◎上学究竟有什么好处？

很多家长都对小朋友上幼儿园后，三天两头感冒，不断地生病、吃药感到很担心，也觉得很无奈，到底要怎么做才好呢？让我们先从上学这件事来分析。

首先请想想，有没有必要把孩子送去上学？说起在幼儿园的年纪把孩子送去上学的好处，其实还真不少。

首先学校的老师可以教他很多东西，当你用心带孩子几年下来，已经渐渐感到黔驴技穷、变不出花样来时，让学校老师接手，不失为一个好办法。

第二，若是全职妈妈在家带小孩，经过这几年的折磨下来恐怕耐性都磨光了，也好像快要透不过气来了，适时放手，让自己休息，换得一点自由的时间与空间，哪怕只是一个上午，对妈妈来说也是不可多得的恩赐。可利用这段空档放松一下，找到更多的能量、灵感来陪伴孩子！抑或是思考一下是否重新回到职场。其实我认为"带孩子"是世界上最难的一门"职业"，何况还是"无薪制"的呢！

第三，学校的团体生活可以让孩子学习与人相处的方式，学会分享，学到生活规范，这是成员少的小家庭里没有办法提供给孩子的。

◎是否有必要提早入学?

儿童心理及幼儿教育专家提供一些建议,来评估幼儿上学前必须具备的一些基本条件:

1. 孩子要会简单的生活自理,包括吃饭、上厕所、穿衣服。

2. 孩子有自我表达的口语能力且能听懂老师的指令。

3. 孩子的精神体力及专注力可以负荷课堂的需要。

4. 孩子已有心理建设,做好能够离开妈妈独自在团体中与人互动的准备。

根据我个人的观察和理解,我觉得最快也要到"中班"再去上学比较恰当,因为中班以后孩子的生理及心理发展才较成熟,可以完成任务及融入团体生活,而且免疫系统的发展相对较健全,对感冒或其他传染病的抵抗力或恢复能力也比较好。

现代社会大多是双薪小家庭,父母没办法整天照顾孩子,我会建议请家里老人帮忙或是找保姆,尽量不要送去托儿所。因为在这个环境里,你的宝宝是最弱小的,免疫系统尚未发育完整,常被传染生病是必然的事,到时候就是一天到晚吃药,更糟糕的是容易留下后遗症!所以到底什么时候去上学,真的要好好思考一下。

疾 病 篇

疾病照护有方法

建立正确医病观念，生病也不怕

一岁之后，接触的人多了，免不了要生病。究竟小儿常见的疾病是什么？生病就一定要看医生吗？生病要不要吃药？一天到晚吃药真的有没有必要，难道不会伤身吗？小孩子发烧到底有没有关系？孩子到底要病到什么程度家长才需要烦恼？我们真的需要给孩子吃那么多抗生素吗？对于孩子使用抗生素应该负起怎么样把关的责任呢？这些与孩子切身有关的事情需要更加注意，我在这个章节会告诉大家很多重要的观念，以及儿科常见的重要疾病。看过之后，你对孩子生病的问题一定会有全新的想法！

小感冒没关系，
就算不吃药自然就会好！

◎从病症到痊愈的自然周期

"医生啊！前几天才带孙子去诊所看感冒，怎么越看越严重！那时候才一点流鼻水，现在变成又发烧又咳嗽？"这是心急的奶奶带小朋友来看病常有的描述。这并不是前一位医师没把病看好，也不是小朋友的病变严重了，而是疾病的自然病程。小朋友感冒大多是病毒感染，它的症状大多是上呼吸道的症状，也就是喉咙痛、鼻塞、流鼻涕、咳嗽、有痰等等，同时还会有发烧的情形。感冒的病程就是症状会一个接着一个出来，并不是一开始没有很厉害，后来才变严重的。所以医师都会叮咛病人当病情有变化，或是病况没有改善的时候，就要再回诊追踪，就是为了要掌握病人的情况，看有没有产生并发症。家长在关心小朋友的病情时也应该把握这样的原则。

◎用药安全须知

小朋友上呼吸道病毒感染的时候最好的治疗方式就是多休息，多吃营养的东西，以增加抵抗力，因为没有什么特效药可以直接杀死感冒病毒，要痊愈是要靠自己免疫系统的作战能力。抗生素并不能杀死病毒,所以感冒如果没有并发其他细菌感染的话,是不应该吃抗生素的,吃了对病毒无效,反而把体内的好菌一并杀了,然后养出厉害的抗药性细菌来。

所以医生在看一般感冒时所开立的药物就是根据小朋友当时的病情开出所谓"症状疗法"的药,这些症状疗法的药物目的就是为了解除小朋友不舒服的感觉,是治标不治本的,治本之道还是在于小朋友的抵抗力。这些药物只要家长觉得小朋友症状有改善了,随时可以停掉,不一定要吃完。

◎留意合并的细菌感染

值得提醒大家的是,如果医师有开抗生素的话,不妨请教医师上呼吸道感染是否有合并细菌感染,如果有的话就一定要把抗生素确实吃完才可以! 我的习惯是把症状疗法的药物及抗生素分开,如果家长要求磨粉也不把它们磨在一起,并叮嘱家长"症状用药没吃到不要紧,抗生素一定要确实服用",正确的观念就是"不需要使用抗生素的时候绝对不要轻易使用,一旦认为有必要使用时用的时候就要一次把坏菌打倒才行",家长们一定要好好配合!

经过以上说明,大家应该明了的重要观念如下:

• 一般感冒是病毒感染,绝对不要使用抗生素。

• 一般感冒使用症状疗法的药物即可。

• 一般感冒就算不吃药也会好,因为这药物并不是治本的。

• 感冒有一定的病程,不会因为吃了药之后就改变病程,加速痊愈。

• 感冒时照顾孩子的重点在于有没有因为病毒感染而并发细菌感染,或因病毒严重并发危险病征。

缠人的中耳炎，
为什么会反复感染一直好不了？

◎认识中耳炎

很多孩子都曾被诊断中耳炎，也吃了很多抗生素，到底什么是中耳炎？是不是一定要吃抗生素？

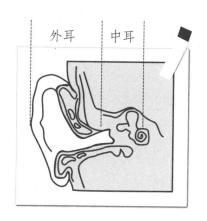

耳朵内部结构位置简图

顾名思义，中耳炎就是中耳腔发炎，中耳腔会发炎的原因就是细菌或病毒从鼻咽沿着耳咽管往上进入中耳内引起感染所致。根据统计，63%~85% 的孩子在一岁之内就得过中耳炎，到两岁已经有66%~99% 的孩子得过中耳炎了，可见"中耳炎"确实是儿科疾病中很重要的一个。但是我们要注意不要过度诊断，并不是耳朵痛就是中耳炎，也不是耳膜看起来红红的就是中耳炎。

◎急性中耳炎的定义

首先必须是一个紧急的症状。接着医生必须看到中耳腔积液，例如耳膜内看到一水平液面、耳膜透光度变差、耳膜振动变差、耳膜膨出，甚至有脓漏。第三,必须有发炎的证据,例如耳膜布满血丝或耳内很痛,或许小孩不会表达但他会一直扯耳朵、拍打耳朵。要符合上述几项才能诊断为急性中耳炎,所以要正确诊断其实并不容易。

◎中耳炎该如何治疗

一旦诊断确定是急性中耳炎之后,是不是一定要用抗生素治疗? 答案是不一定! 反对使用抗生素的学者所持的理由是: 中耳炎多半会自动缓解,没有必要使用抗生素,增加产生抗药性细菌的危险。赞成使用抗生素的学者所持的理由是: 急性中耳炎大多是细菌在作怪,用了抗生素孩子会好得很快,使用抗生素可避免严重的并发症,例如中耳腔后方的乳突骨发炎,若中耳腔被破坏了可能会引起传导性听力障碍等等。

这样不同的治疗原则长久下来真的导致了不同的后果: 在荷兰,他们对六个月大以上的孩子就很少使用抗生素,果真在荷兰抗药性细菌是最少的,但乳突骨炎的发生率是每年每十万个中耳炎个案中有 3.8 个,约为习惯使用抗生素的国家的两倍。可见用不用抗生素真的是利弊互现。

为了解决这个难题,美国小儿科医学会给大家一个建议:

年　龄	确定诊断为中耳炎	疑似中耳炎
小于 6 个月	使用抗生素	使用抗生素
6 个月~2 岁	使用抗生素	症状严重使用抗生素;症状轻微的先观察
大于 2 岁	症状严重使用抗生素,症状轻微的先观察	先观察

所谓症状严重包括发烧大于39℃且耳内很痛。所谓先观察就是不给抗生素，先给止痛药观察2到3天。如果决定先观察的话照顾者必须能随时注意小孩的状况，一有情况恶化就要立刻回诊，若情况稳定就三天后再回诊，三天后若中耳炎症状没改善才使用抗生素。

至于治疗的天数，在美国标准是治疗十天，在欧洲则是建议五天就好。我认为小于两岁的孩子，特别是在托儿所的幼儿，应该从头到尾治疗十天，其余孩子可依病情治疗五到十天。相信经过这样的原则，孩子都能得到不多不少刚刚好的适当治疗。全部抗生素治疗结束两周之后还要再追踪，看看有没有全好。这时常常还会残存中耳积水的现象，但是我们不必为了这个积水还一直吃抗生素，因为积水会随时间如下图的情形慢慢消退。

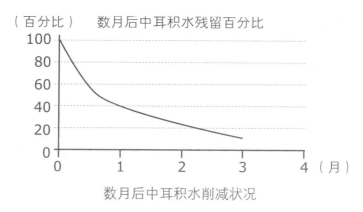

数月后中耳积水削减状况

有一些症状比较严重的孩子是要做耳膜切开引流的，例如抗生素治疗两周了仍然无效，还持续高烧、严重疼痛，甚至并发乳突骨炎、颜面神经麻痹、脑内感染等等。做耳膜切开引流的用意等于是中耳炎的第三线治疗，同时也可以取样看看是感染什么厉害的细菌或真菌，以至于这么难杀死它。

◎反复感染怎么办?

一般家长也很关心的问题是,如果小朋友一直反复中耳炎,到底要不要装耳管?耳管是一个架在耳膜上的小管子,具有平衡中耳内压力及引流耳内积液的功能。装耳管是侵入性的手术,须符合一些状况,才会考虑进行手术:

• 中耳积水超过 3~6 个月还是消不了,特别是双侧都有积水,且听力受损达 20 分贝以上。

• 每次感染中耳炎,治疗都要将近一个月。

• 一年内感染中耳炎 5~6 次。

• 孩子吃药很难配合或吃了抗生素拉肚子很厉害。

如果符合以上条件,可以考虑手术。装了中耳通气管对长期为中耳积水、发炎所苦的孩子,其生活质量的确会有大大改善,能有效降低中耳炎的复发率,孩子也不用一天到晚吃药了。装了耳管的孩子就要注意保持耳道清洁,不要让水跑进耳道,所以就不适合游泳!(普通中耳炎的孩子是可以游泳的,因为感染的来源是从鼻咽进去而不是从外耳道进去的!)一般耳管大约装置六个月以后它会自己掉下来,耳膜也会自动愈合。

◎切除扁桃腺会比较好吗?

另外一个家长常问的问题是,孩子需不需要切除扁桃腺及腺样体呢?有些耳鼻喉科医师看到病人反复中耳炎或鼻窦炎加上扁桃腺肥大、腺样体增生,会建议切除它们!的确,这两个腺体在反复感染、发炎、增生的时候,会阻塞耳咽管的出口使耳咽管的黏膜水肿,进而影响它纤毛摆动、清除杂物的功能,做扁桃腺及腺样体摘除术确实可减少中耳积水及中耳炎复发的几率。

但是儿科医师对于"儿童"是否要进行这个手术会更谨慎地评估。首先,就治疗复发性中耳炎而言,必须先放过耳管仍失败了才会考虑做扁桃腺及腺样体切除手术,而且年纪太小的也不建议这个手术。

另外,若是为了治疗呼吸道阻塞而做扁桃腺及腺样体摘除术的话,儿科医师的评估原则为:必须是五岁以上孩童、有严重扁桃腺增生至完全堵塞呼吸道,使得孩子发生夜间睡眠呼吸中止症候群,在整个睡眠过程中发生多次血氧浓度降低,影响白天上学精神不济,才会考虑这个手术。所以并不同于成人的评估及治疗模式,在儿科并不会轻易地就给孩子做扁桃腺及腺样体摘除手术!

◎预防更胜于治疗

有一些做法可以减少孩子得中耳炎的机会,整理如下:

◆哺喂母乳的宝宝证实日后比较少得中耳炎

◆拒绝二手烟

孩子处于二手烟的环境中容易得中耳炎。

◆接种肺炎链球菌疫苗

因为最常引起中耳炎的菌种就是肺炎链球菌。统计显示自从施打肺炎链球菌疫苗之后,由这种肺炎链球菌所造成的中耳炎就减少了六成以上。

◆避免感冒的机会

因为中耳炎总是发生在感冒之后。研究显示,在托儿所的幼儿处在拥挤而彼此接触频繁的环境中,常会因为感冒而并发中耳炎,所感染的菌种较毒,用抗生素的时间也较长,而且越小得中耳炎的孩子将来复发或变成慢性中耳炎的机会也较大。

◆先天性颅颜异常需提早治疗

例如唇腭裂、先天腮弓发育不全的孩子要及早治疗,以免影响耳咽管的功能而导致中耳炎。

◆要有充足的营养

平时小朋友营养均衡且充足,自然不容易生病。

告别鼻窦炎，
还给孩子畅通的呼吸道！

◎认识鼻窦炎

鼻窦有额窦、筛窦、蝶窦及颌窦，而且彼此相通。鼻窦的功用可以温暖润湿我们吸入的空气，过滤清除我们吸入的杂物，还可以在发声时形成具有个人特色的共鸣腔；空心的窦室还可以减轻头骨的重量，是个很特别的构造。

鼻窦炎就是这些腔室感染，造成发烧、鼻黏膜肿胀、脓鼻涕倒流、咳嗽、恶臭、周围构造如眼眶底部或上后排牙齿疼痛等等。

一般我们会有个错误的观念，认为流黄绿色的脓鼻涕或鼻涕倒流就是鼻窦炎，这是不正确的！普通感冒也会流脓鼻涕，鼻水颜色也会变黄。如果对鼻窦炎观念不正确，就会过度诊断，因而使用过多不必要的抗生素。

◎鼻窦炎的诊断

并不是感冒鼻涕比较浓稠就是鼻窦炎！鼻窦炎的诊断必须符合：高烧到 39℃以上，且脓鼻涕已经连续 3~4 天，或是鼻窦周围组织有感染症状，才是鼻窦炎。

有些家长来看诊时会要求照 X 光,其实 X 光也无法正确诊断鼻窦炎。因为有学者研究,给一群有普通感冒症状的小朋友做精密的核磁共振(MRI)检查,发现将近七成的孩子的鼻窦都呈现黏膜肥厚、水肿积液的现象,但是他们临床上并没有发烧、脓鼻涕等鼻窦炎的症状,可见我们不能单从 X 光去诊断小朋友到底有没有鼻窦炎。

它可能是鼻子过敏的表现,它也可能根本是正常的人就会有的表现!所以下次去看医生不要再要求照 X 光了,鼻窦炎的诊断还是要靠医师询问病史及诊察孩子的临床表现来综合评估才是!

X 光下的鼻窦构造图

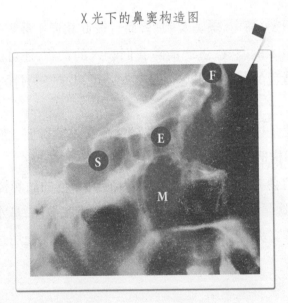

F 额窦　E 筛窦　S 蝶窦　M 颌窦

◎鼻窦炎的治疗

一旦诊断为鼻窦炎之后是不是就一定需要用抗生素呢？答案是未必！有学者研究，当孩子得鼻窦炎之时，使用了14天抗生素的一组小朋友，和没有使用抗生素的一组小朋友互相比较，发现使用抗生素的人并没有缩短病程，症状也没有比较轻，而且高达50%~60%没有使用抗生素的小朋友最后也都完全好了。由此可见，在诊治小儿鼻窦炎方面，还需要有更严谨的标准，不要一下子就下"鼻窦炎"的诊断，也不要随便就给抗生素，多观察几天，也需要家长耐心的配合，因为大部分孩子都有机会不药而愈的。

如果想要知道病原，最准确的方法是抽取鼻窦分泌物去做细菌培养，但是对一般正常的孩子并不需要这么做，而且细菌培养需三天才能得到结果，缓不济急！

所以医生都是凭经验以及感染的特性来推论可能的菌种并给药，肺炎链球菌是最常见的鼻窦炎致病菌。根据专家的建议，症状严重的才需要用到抗生素。

其实只要诊断正确，适当用药，小儿鼻窦炎都是很快就会好，很少吃整个月的抗生素还不好的。如果你的孩子是这种情况，我们应该重新审视是否有其他问题（鼻腔内异物……），要不要采样，或许是真菌，或许根本不是鼻窦炎而是过敏性鼻炎，好好找出病因，朝正确的方向治疗才对。

许医师的小提醒 +

● 其实大多数孩子不必吃抗生素也会好，我会建议家长鼓励孩子把鼻涕擤出来（但不必太大力）；如果孩子够配合，冲洗鼻腔或鼻腔喷雾也不失为一个好办法，它可以让脓鼻涕比较容易出来，小朋友会比较舒服一点；

● 对于2岁以下，特别是在托儿所的幼儿得鼻窦炎，我们要用比较积极的方法和态度来治疗；

● 注意鼻窦炎的并发症，例如筛窦鼻窦炎，因为筛骨很薄，且是构成眼眶骨的一部分，所以感染可能会穿过筛骨造成眼球组织的蜂窝性组织炎，如果病人眼睛有如红肿、疼痛、凸眼、复视、眼球转动受限等症状就要特别当心了；如果是额窦鼻窦炎则有可能往上造成脑膜炎或硬脑膜上脓肿。所以要注意有没有头痛、呕吐、脖子僵硬的症状。

流感就是今年流行的感冒，只是比较多人得而已？

◎流感与感冒有何不同

每年到了秋冬季节交替的时候，就是流感病毒蠢蠢欲动的时刻，这时候家长们又要坠入要不要打流感疫苗的困惑中了。

首先我们要了解：流感并不是感冒，所谓感冒是由"感冒病毒"所造成的上呼吸道感染，症状就是发烧、喉咙痛、鼻塞、流鼻水、咳嗽等等；感冒病毒多达200种以上，其中1/3是由一种鼻病毒所造成，得过之后就终生会有免疫力，可惜鼻病毒有100多种型别，传染力又很强，所以会觉得孩子经常在感冒；其他还有副流感病毒，症状就比较厉害一点，因为它会造成深部呼吸道感染，所以发烧会烧得久一点，痰也多一些；另一个常见的病毒是呼吸道融合病毒，它是小婴儿最容易得的感冒病毒，往往又咳又喘又鼻水地要持续三个礼拜才会好；另外还有冠状病毒、腺病毒也是常见的感冒病毒。由于我国人口密集，所以一年到头随时都有互相传染感冒的机会，就会觉得小朋友永远都在感冒，永远也不会好，其实大家可以以平常心看待它。

◎接种流感疫苗前的注意事项

流感是专指由流感病毒感染所引起的疾病。它比一般感冒厉害的地方在于，它的症状比较严重，会高烧、畏寒、四肢酸痛，复原时间又长，散播范围又广，在免疫力不好的病人还容易有严重并发症，例如脑炎及细菌性肺炎等等。因为它这么凶猛，所以每年到了 10 月份，疾病管制局就会呼吁民众配合接种流感疫苗，但是家长总是会烦恼，流感疫苗到底安不安全？一些接种之后不良反应的零星个案，到底和疫苗本身有没有关系？本国货和外国货到底有没有差别？打了流感疫苗之后会不会反而感冒了？这些诸多疑虑使得民众踌躇不前，生怕会打出问题来。首先我们先厘清几个概念：

◆死病毒疫苗并不会致病

接种"死病毒疫苗"仅含抗原成分，不含病毒残余之活性，是不可能会致病的。如果有人打了流感疫苗之后还是感冒了，则大多是普通感冒病毒所致；如果在打了流感疫苗之后第二天就发烧，并被诊断为流感，则是因为打了疫苗之后要两周才会产生抗体保护，病人早在打针之前几天就已经得了流感，只是还在潜伏期没有症状，所以会被误认是打了流感预防针而马上得流感。其实每个人对疫苗的反应效果不同，平均来说六至七成的人打了疫苗会顺利产生抗体保护，其余没有产生抗体的人之后还是可能会得流感。

◆流感疫苗安全性

流感疫苗到底安不安全，之前听过新闻报道疫苗打了以后出问题事件到底是不是真的？将报道过的案例经由科学的方法去检验，结果大多证实与疫苗无关。唯一肯定是由预防针引起的副作用的症状是"过敏性休克"，它是发生在注射后几分钟之内，发生的几率约百万分之一，但这是任何疫苗都可能发生的情形，并不是特指流感疫苗，所以我们都会要求第一次打流感预防针的小朋友打完后要观察 30 分钟才可以离开。其他常见接种后的症状如轻微发烧、咳嗽、肌肉酸痛、注射部位红肿等，在1~2 天内都会好的。

一般家长常问的问题是"蛋白过敏"能不能打流感疫苗？我的建议是，如果孩子吃蛋白会有严重全身性过敏，包括眼睛肿、嘴唇肿、全身性荨麻疹、呼吸困难的话，就不要打；如果孩子吃蛋白仅是轻微抓痒的话就没有关系。

◆流感疫苗是不是外国货比较好？

根据我的观察，本国货与外国货都一样好。

◎需定期接种流感的族群

有了上述的基本概念，对流感疫苗又多了一份认识，以后不管哪一年到了流感季节（每年 11 月到来年 3 月）之前，就可以安心地带孩子去打针了。如果还是不放心，以下有几种情况是我强烈建议一定要去打的：

◆必须长期使用阿司匹林的幼童

例如川崎症、心脏病开刀后长期服用以预防血栓者。因为使用阿司匹林时若得流感会引发严重的雷氏症候群（肝坏死、脑病变、昏迷而死亡），而疫苗是死病毒抗原诱导身体免疫系统产生抗体，不会引发雷氏症候群。

◆有慢性疾病或免疫不全的幼童

例如先天性心脏病、早产儿慢性肺病、气喘儿、糖尿病童、肾脏病童、脑性麻痹病童、癌症病童。

◆孕妇

根据之前的经验,孕妇得流感并发重症的可能性较高。

◆小于 2 岁的婴儿及 65 岁以上老人

因为他们的抵抗力较差,常常会并发细菌性肺炎而有生命的危险。

假设已做好各种预防措施,小朋友还是得了流感也不必太担心,因为现在已经有对付流感很好的抗病毒药:克流感(口服)及瑞乐沙(吸入),对 A 型及 B 型流感都有效。一般来说在流感症状开始 48 小时以内使用效果最好。但是若有出现流感危险征兆者,就算已经超过 48 小时了,仍应使用抗病毒药剂。其实一般来说,流感抗病毒药物的治疗效果还不错,但我们还是要注意流感并发重症的危险征兆,包括:

- 没发烧时呼吸急促
- 呼吸困难、呼吸窘迫、呼吸暂停
- 发绀
- 胸痛、咯血
- 低血压
- 意识改变、不易叫醒、活动力下降
- 病况没有改善、持续恶化者

如果有这些情形,一定要赶快送到大医院去治疗！通过这么多努力,政府提供安全有效的疫苗,小朋友做好个人卫生,若有感染请家长注意孩子病情变化,医生提供适当的治疗,这样我们就一定可以战胜流感病毒,常保健康！

生病一直不好，
赶快换个医生避免病情恶化？

◎自然病程别着急

"医师啊！我们家弟弟发烧啦！在诊所看过也乖乖吃药了,怎么现在又烧起来了？还是赶快再带来给你看看啦！"我在门诊常常会遇到这类着急的家长,早上跑诊所,下午跑医院,晚上再跑急诊,这情形非常常见,将心比心我们可以理解家长一定是很心急。但是前面有说过,小朋友得感冒有一定的病程,等时间到了自然会好,期间只要注意小朋友的精神、活力就好,可以不必这么急,带着孩子一直跑医院,实在太辛苦了。

而且我也不觉得第二位、第三位接手的医师就会比第一位更高明,事实上可能是疾病已经要好转,它的自然病程已经接近尾声了,所以第三位医师看一次病就好了。

另外若不是普通感冒,是其他较少见的疾病,第一位医师是从零开始摸索,当他已经帮孩子做完所有基本的常见病因探查之后,还是得不到结论时,家长往往会失去耐心,换一家,再换一家看看。后面的医师踩着前人所铺好的路,继续往前走,很快地找出答案,我觉得这并不是第三位医师比较神,我们反而要感谢第一位医师帮我们排除了很多选项,走完所有的岔路后铺出一条路来了,让我们很快可以找到对的方向,走到目的地。

所以我觉得在医院或是医学中心行医的医师们,在接受诊所转介的病患时,一定要虚心以对,不能自大,而且还要感谢前面的医师已经替病患做过很多检查,使我们可以很快替病人找出问题来。

◎建立正确的医病观念

一位好医师会详细诊察孩子的病情,根据经验作出判断,依目前孩子的病情给他最恰当的治疗,边治疗边观察。只要没有危险的病征,家长可以耐心地在家观察几天,当病情依然没有进展的时候,我建议家长还是先回去给原来的医师看,他会照孩子病情变化来修改他的处方,这样对疾病的治疗比较有连贯性,也比较可以对症下药;若是随便换过一家又一家,每一次都是重新开始,不一定对孩子好。

尤其有的药必须吃完一个疗程才会有效,这样频换医师可能会中断治疗或是被换了更重的药,对孩子其实是不必要的。相信做第一位医师的如果自认为有需要其他医师的意见或专业的治疗时,他一定会积极地让你的宝贝转介到大医院做进一步的检查,并且把之前做过的判断、用过的药以及数据让你完整地带走,这样对孩子的健康才是最好的保障。

我要提醒大家:其实家长的态度也会影响到医师的处方和治疗计划。如果家长对孩子生病没有正确的认知或过度焦虑,常会要求医师用更快、更有效的方法让孩子赶快好,这会迫使医师多开了很多不必要的药。

◎选择信赖的医师与相信免疫系统

医疗真的是一门"艺术",它没有绝对的标准答案,如果我们愿意给小朋友慢慢自己恢复的机会,医师可以开非常简单温和的药,但是家长会觉得"怎么吃了都没感觉";如果医师拗不过家长的期望,也可以开很多种药,让小孩"吃了马上有感觉"……可以感觉鼻涕明显变少了,但孩子昏昏沉沉没有活力,亦或是心神不宁、噩梦连连;感觉烧是退了,孩子却有点脸色苍白、体温过低;有些为咳嗽而开的支气管扩张剂,孩子吃了会双手发抖;这些对孩子都不一定是好事。

另一个普遍且日益严重的迷思是"抗生素"。举一个常见的情况来说:小朋友流黄鼻涕或是喉咙发红是不是就一定得吃抗生素呢?答案是否定的。可以鼓励孩子一直把黄鼻涕擤出来,多喝水、多休息,它还是会好,根本不必用到抗生素。但靠自身的好菌与坏菌抗衡,以及白细胞抵抗军来对抗病菌的确时间会比较久一点。

若碰到心急的父母,看到孩子过了两天病情不见好转,这种情况再回诊时就会迫使医师用出大绝招——抗生素,你会感觉孩子好得很快,一下子黄鼻涕都清了,体温也稳定了!也就是说:当体内有细菌的时候,不吃抗生素靠自己的白细胞去抵抗还是会好,但是时间会久一点;如果马上吃抗生素去杀这细菌,当然马上就好了,但是真的有必要吗?抗生素有它很重要的医疗价值,我认为应当留到合适的时机,而且要用足够的剂量才行,否则不但孩子体内原来可以和坏菌抗衡的好菌也被抗生素杀光了,后来还因剂量不足而"养出"一些有抗药性的坏菌蛰伏在体内,下次再来就要用第二代、第三代抗生素才会有效了!你觉得哪种做法对孩子好一点呢?

如果我们在面对孩子生病的时候不要太心急,给孩子的免疫系统一点时间建立起它自己的抵抗力,好好观察病情变化,是改善还是变差,选择一位信任的医师,相信他,这样就是最正确的态度!

小小年纪生病不断，
一天到晚吃药伤身怎么办？

◎一定要吃药吗？

你知道每次去看病,医生开给孩子的是什么药? 这些药吃下去对孩子会有什么帮助? 又会有什么影响呢? 这些药都是一定必须要吃的吗? 该怎么吃呢? 这些是家长最关心的问题,让我一一来解答。

我将普通看病门诊小朋友常用药物分成两大类,一是"一定要吃的药",另一是"可吃可不吃的症状用药",一般儿科门诊常开的药有:

• 细菌感染所用的抗生素。

• 发烧开的口服退烧药或退烧塞剂。

• 呼吸道用的止咳化痰药、支气管扩张剂、抑制充血药物及抗组织胺。

• 消化道的止泻药、软便药、消胀气药、益生菌。

• 过敏症用的气喘急性发作缓解药物及保养控制药物。

• 其他比较专科的特殊用药,像癫痫疾病、心脏疾病、风湿免疫疾病、内分泌疾病等药物。

上述这么多种类的药物中只有抗生素、气喘用药及专科特殊用药是"一定要吃的药",其他都是可吃可不吃的药!

◎如果吃药没必要干吗看医生？

的确，孩子感冒的时候，有没有看医生、吃不吃药，对孩子的病程进展和康复时间是没有多少差别的！看医生的目的是在于确立诊断与检查有无并发症。

经过诊断，如果孩子的状况是稳定的，就可以安心在家好好观察病情变化，这是家长应尽到的责任。因为儿童感染症大多是病毒感染，它有一定的病程，并不会因为吃了药而改变或缩短，不是早一点吃药它就早一点好，也不是吃了药就保证病情不会有变化。

若家长抱持的心态是"我就是不懂，都交给医生了，你要把病看好，我三天后回诊就应该要好了"，习惯性地用一般消费心态来看待就医这件事的话，只会迫使医师将小朋友所有的症状都各配一种药，甚至在预期孩子若需要时才会使用的抗生素也先开给孩子，但明明还不到必定使用的程度。结果只有徒增喂药的辛苦，让孩子身体增加负担而已。

◎抗生素不是万灵丹

首先大家要有的概念是，抗生素不是万灵丹，真正诊断有细菌感染时才能使用抗生素，有需要使用抗生素时则要用得早、用得好、用得够。其实第一线的抗生素，用在治疗细菌性中耳炎、鼻窦炎、肺炎。这些上呼吸道感染疾病的菌种，用于大约七成以上的常见呼吸道细菌感染都会有效！所以开抗生素的时候，实在不应该一下子就跳到后线的药物。除非孩子病情很严重或年纪很小。

但医师若为了打造好口碑，迎合家长们"神医有神药"的观念，就习惯直接使用后线药物，甚至叫家长自费购买"比较有效的抗生素"，治疗起来确实几乎百分之百都好了,长久下来一定会在孩子身上养出更多抗药性菌株,反而得不偿失。

因此用抗生素一定要从第一线开始,愈简单愈好。你或许要问:为什么不一开始就用"好一点的药",还要先试试"最普通的药"呢? 前面我有提过,这样的做法是为了保护孩子,如果用第一线药物就有效的话,就不应该一开始就跳到第二线药物,否则长期下来孩子只能使用越来越后线的药物了,而且细菌突变速度永远比新药研发速度快,未来恐将面临无药可医。

◎不建议儿童使用的抗生素

另外,有一些抗生素是不建议给儿童使用的,有些甚至会造成生命危险与永久性伤害,类别如下:

◆四环徽素

会导致骨骼及牙齿的变性,使得牙齿变得黑黑的,所以在永久牙尚未完全长出之前不应使用。

◆磺胺药

会与胆红素竞争结合蛋白,导致核黄疸的危险,所以三个月以下新生儿不要使用;另外有蚕豆症的人也不要使用,以免发生溶血反应。

◆奎诺酮

在动物实验中发现会造成动物软骨病变,因为儿童的骨骼还在成长发育,所以不建议给18岁以下儿童使用。儿科医学会对于这个药的使用有以下规范:不应任意使用,只能在没有其他替代药物可用的抗药性细菌感染时使用,例如多重抗药性绿脓杆菌引起的泌尿道感染、中耳炎、骨髓炎、多重抗药细菌性肠胃道感染、对巨环类抗生素有抗药性的肺炎霉浆菌感染、免疫功能低下的癌症病童等等。

◎不一定要吃的症状用药

医生常开的另一类药物是"症状用药",我认为是"可吃可不吃"的药。症状疗法用药的目的是为了让孩子舒服一点,所以我常告诉家长,虽然孩子在咳嗽、鼻塞、流鼻涕,但是如果不影响他的生活作息就不必吃药,自己也会慢慢好。这些药物包括退烧药、感冒糖浆、抗组织胺、抗鼻充血药物、化痰药、支气管扩张剂、止泻药。

常常听到家长告诫孩子,要乖乖吃药才会好喔! 如果每个孩子都愿意乖乖吃药的话那当然很好,这些药多多少少可以缓解他的不适。问题是大多数的孩子都不会配合乖乖吃药,每次吃药可能都要弄到人仰马翻;如果吃药给孩子带来更大的痛苦,那真可以不必吃这些"可吃可不吃"的药了。

2岁以下幼儿使用感冒药物并非必要,我们更应该要注意这些药物使用在幼儿身上的安全性。大部分呼吸道感染的症状,都是自然的生理反应,不需要刻意去压抑它。有些有害的"症状用药"更应该避免,例如类固醇、镇静剂之类的药物等等;另外肠胃道的症状用药例如止泻药,对孩子也不可以用太强,以免导致孩子腹胀难消,增加孩子的痛苦和危险。

胡乱使用抗生素
日后恐将无药可医！

◎滥用抗生素不可不慎

前面已经稍稍提过抗生素的正确使用概念,在这里我要再提醒大家的是,胡乱使用抗生素以至于培养出"超级抗药性菌种"这件事已经严重危害到我国居民的健康了。开药的医师有责任,用药的你也有责任,大家应该一起来防范抗药性菌种的养成。

儿童的感染症是以呼吸道疾病为最多,而呼吸道疾病乃是以病毒感染为主,所以小朋友上呼吸道感染有九成不必使用抗生素。因为抗生素是用来杀细菌的,对病毒是一点效果也没有,用了也是白用,只有坏处并没有任何用处。

一般当孩子发烧、喉咙痛、咳嗽、流鼻水就是上呼吸道感染,治疗应以症状疗法为主,目的在减轻孩子身体的不适,如果孩子没有什么不舒服,也没有影响到他的生活作息的话,不吃药也行,家长可以不必担心。

感冒不吃药,久了会不会转变成肺炎? 其实小朋友有没有得肺炎与一开始有没有吃咳嗽药、流鼻水的药并没有相关,家长也不用觉得小朋友是因为鼻涕没擤出来才变成肺炎的,因为根本不是那回事。我建议当孩子上呼吸道感染时只要注意他病情的变化是否渐渐好转就好,不必去看医生也行,更不必吃不必要的抗生素。

我提出以下几点来判断孩了生病时要不要用抗生素,给大家作参考,如果孩子有下列症状,代表孩子的感染是以病毒的可能性较大:

- 家里的爷爷、奶奶、爸爸、妈妈或兄弟姐妹也有类似的症状。
- 发烧的时候会不舒服,但退烧的时候精神百倍。
- 除了呼吸道的症状之外又合并其他身体的症状如筋骨酸痛、小拉肚子。
- 鼻水是清清的。
- 后颈部或后脑勺有小小的淋巴结肿,摸起来会跑来跑去但不痛。
- 退烧后身体及四肢起疹子。
- 肝指数升高(如果有验的话)。
- 3 岁以下。

有时候小孩子感冒时,被带到不是对小儿病症特别有经验的地方看诊,我们常会发现孩子拿了一大包、一大包的药,详细看其成分,竟然同时有两种抗生素,再加一种抗流感病毒药,另外再加一种磺胺药,这正是所谓的"乱枪打鸟法"!其实孩子只是普通感冒病毒感染,根本不需要吃这些药。

◎错误用药种下危机

另外有的时候会看到孩子领回家的药一下子就跳用到后线抗生素,或甚至开了小孩子不适合用的奎诺酮类抗生素(会影响儿童关节发育),这更是荒谬!

其实小儿科的病人在不同年龄层都有该年龄层不同的常见病原,这是小儿科一个很重要的特色。开药时都要遵循这个原则去想可能的病因,不能漫无目的地加重抗生素,以为这样就能大小通杀,万无一失。

有时候明明是病毒感染的病症，只是烧得比较高、比较久，就开了所谓的"预防性抗生素"，其实这样也是不好的做法！孩子病毒感染的时候自有他的免疫系统去对抗，在还没有看到细菌感染的证据之前是不必要使用预防性抗生素的。

我们常常因为错误的观念与期望，加诸诊所医师太多压力与干扰，使得开立抗生素变成一种常规，就是不需要用的时候也会开一点点以求心安，这样其实对孩子是有害的。这就好像消费者喜欢买又大又漂亮的菜，会迫使农夫下很重的农药是一样的道理。

举例来说：小儿科病人细菌感染的第一名"肺炎链球菌"，对青霉素有抗药性的菌种，约于 1992 年开始出现，短短几年间已经有 80% 的肺炎链球菌都带有对抗青霉素的基因了。

肺炎链球菌对红霉素有抗药性的菌种约于 1984 年开始出现，如今已有 90% 的肺炎链球菌都对红霉素有抗药性了，这个问题真的很严重啊！

所以结论就是，请大家记得：没有看到细菌感染的证据就不应该使用抗生素，当医生开抗生素的时候，你可以请教他。一旦决定使用抗生素，就要马上用、用到好，把医生开的药都吃完。

许医师的小提醒＋

对于抗生素的使用，我们应该有的正确观念是：

- 抗生素对病毒是无效的，不是细菌感染时不要随便使用抗生素；
- 当细菌感染，决定要用抗生素，就要把细菌一次歼灭！一旦医师判断有必要使用抗生素的时候就要把剂量开到足，把时间用到够，病人则一定要把药确实吃完；

- 千万不要在不确定的情形之下，用少少的剂量、用短短的几天，求自己心安。病人其实本来也就不需要抗生素也会好，所以没症状后病人很快就自行停药了，这是最糟的情况；因为坏细菌在抗生素打击的压力之下会突变以求自保，药剂量不足又吃不够久，没把它全都打死，结果存活下来的就是一些已经突变产生抗药性的细菌，在体内茁壮，下次这些细菌再作乱的时候，原先的药又杀不死它，就必须要用更强的药才行，如此恶性循环。要知道，新药研发的速度永远赶不上细菌突变的速度，再这样胡乱使用下去，总有一天会培养出超级细菌，却无药可医了！

- 我们人体内存在各式各样的好菌、坏菌、病毒、真菌，它们之间形成一种"恐怖平衡"，在身体里各自有各自的地盘，彼此互相牵制，谁也不能独大。当你使用抗生素之后，就破坏了这种平衡，所有弱势菌都被抗生素杀死了，而且往往好菌会先死光，带有抗药基因的细菌被选择性地存活下来，这时候旁边又没有别的菌种可以与它抗衡，于是乎它独大，趁机占据更多地盘，就会病得更重，而且更难医治。

- 这种抗药菌种的感染不是个人的问题，即使医师谨慎地为你的孩子用药，不使孩子产生抗药性，但若孩子在学校、游乐园感染到其他人身上有抗药菌种的细菌时，结果一样，所以这是家长须意识到的问题。

肠病毒流行季节，家中 小朋友如何不被病毒缠身？

◎令人闻风色变的肠病毒

还记得发生肠病毒 71 型大流行的那一年，病毒来势汹汹，并发重症的孩子原来早上就诊时都还好好的，回家不到半天的时间竟然很快发生咯血、昏迷的症状，再回院时多已回天乏术，不多久就死亡了！

长庚儿童医院林奏延院长首先注意到事态的严重，并找出致命的病毒就是肠病毒 71 型，后来经由林院长与各方专家研拟出一套"肠病毒重症治疗准则"之后，大家才有了救治这些孩子的方法，再遇到这样的情况时，救活重症个案的几率才大大提升。

1998 年共有 405 例重症个案，其中 78 个孩童死亡，这是个很惨痛的经历。经过这十多年来，政府与民众也渐渐了解肠病毒。大家似乎不再那么怕肠病毒，但却也很不愿意真的得肠病毒！

◎对肠病毒的正确态度

究竟我们对"肠病毒"应该有怎样正确的认识，才不会一直处于恐惧的状态中呢？肠病毒是属于"微小 RNA 病毒科"的一群病毒，人类是唯一的宿主及感染源。肠病毒的类型繁多，共有 100 多种，而大部分疾病是由其中 10~15 种病毒所引起的。如果把肠病毒详细分类,可分为"小儿麻痹病毒"及"人类肠病毒 A、B、C、D 型",肠病毒 71 型归类在人类肠病毒 A 型里面;在所有肠病毒中,"小儿麻痹病毒"及"肠病毒 71 型"最容易引起神经系统的并发症,而小儿麻痹病毒自从有了疫苗之后已经得到很好的控制,只剩肠病毒 71 型疫苗仍在研发的阶段,而且也没有什么特效药可以杀死它,如果不巧得了肠病毒 71 型还是得靠孩子自己的抵抗力去战胜它!

肠病毒的感染在全世界都有,在温带国家肠病毒通常流行于夏季,但是在亚热带地区却是一年四季都有病例。每年疫情约从三月开始升温,到六月达到高峰,等孩子放暑假后疫情会暂时缓和一些,到了九月开学又会有一波流行,一直要到进入冬天才会逐渐减少。

常有家长会问:肠病毒是不是会拉肚子? 答案是"很少"! 当肠病毒经由呼吸道(飞沫传染),或肠胃道(粪口传染)感染后,它会从咽喉黏膜或肠道黏膜入侵人体,进行复制,再随血液散播到各器官,造成临床的症状。因为它主要进入复制的地方在肠道所以称之为"肠"病毒。

◎肠病毒评估要点

有经验的医师可以凭经验去评估孩子是不是得了要特别注意的肠病毒 71 型,以下是评估的几个要点:

- 肠病毒 71 型多以手口足病来表现。
- 肠病毒 71 型的疹子及水泡比较细,像针尖一般大小。
- 肠病毒 71 型发烧的时间比较长,可能会持续发烧到五天之久。
- 肠病毒 71 型会使孩子精神比较差,一般型的肠病毒感染,孩子退烧后仍然活蹦乱跳,而感染 71 型的往往会使孩子整天都显得病恹恹的。

•肠病毒71型比较容易并发神经系统的症状,例如"肌跃型抽搐",这是判断重症前兆的重要依据,请家长要特别注意。肌跃型抽搐多发生在孩子将睡未睡时,它的症状就是突发的全身肌肉收缩,在床上弹了一下,像是被吓了一大跳的样子,孩子常会因为这样惊醒而无法入睡。

•目前有肠病毒71型血清IgM快速检定试剂,在临床诊断上起了很大的帮助。

其实肠病毒可说是无药可医,病人要靠自己的免疫力去消灭病毒,医师做的事只是支持疗法。例如孩子如果因为吃喝不下而脱水,就为他打点滴补充水分,医师也会给孩子一些止痛药或止痛喷剂以减轻孩子嘴巴里面溃疡的痛苦,假以时日,大约3~5天绝大多数的孩子都会痊愈。家长在照顾上可以给予孩子一些冰凉、容易下咽的食物,例如口含冰块(可以润湿口腔并止痛)、布丁、冰淇淋、冰牛奶等等,并好好观察孩子的症状才是重点。

◎肠病毒的常见症状

◆咽峡炎

突发性高烧,且喉咙出现溃疡及水泡,病童常因无法进食而虚弱脱水;而疱疹口唇炎与它的差别在于牙龈会肿胀流血。

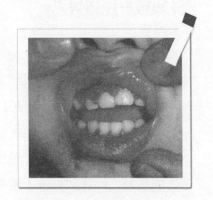

◆手口足病

发烧且在舌头颊侧、手掌、脚掌、膝盖、臀部等位置出现小水泡,病童也常因

疱疹口唇炎实例

无法进食脱水而须住院打点滴。

◆类感冒症状

其实肠病毒最常表现的症状就是像一般感冒症状一样，发烧两三天，其间小朋友可能会食欲不振、小拉肚子、精神倦怠、全身无力，烧完之后会发疹子，疹子可以是细细小小的，也可能是突起丘疹状的，之后就完全好了，若不去深究它，也不会知道是得了肠病毒。

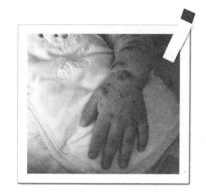

手口足病实例

◆其他症状

其他还有肋膜痛、急性出血性结膜炎、急性肢体麻痹症候群及病毒性脑膜炎，这些也是肠病毒所引起的。

◆严重并发症

我们最担心的还是一些会致命的并发症克沙奇 B 族病毒引起的心肌炎，病童发烧后在短时间内发生心跳过速、发绀、呕吐、呼吸困难，很快演变成心脏衰竭；还有就是肠病毒 71 型引起的脑干脑炎、肺水肿与肺出血，在短短 3~7 天内就可能死亡。

可惜的是，我们没有办法从孩子临床上的表现去知道他得的是哪一型的肠病毒，也没有办法从孩子一开始的症状去推测他会不会发展成重症个案，这就是让家长最恐慌的地方。由于肠病毒 71 型是最容易并发重症的，所以我们对它要多一分认识。

◎留意并发重症

根据历年监测的数据显示，肠病毒并发重症以 71 型最多，并发重症的年龄以5岁以下幼童最多,重症的发生率以一岁以下的婴儿最高,约为千分之0.03至0.4,由此可见年龄愈小得肠病毒愈要当心。

因为幼小的孩子都是被哥哥、姐姐或成人传染的,到幼小的孩子身上的病毒量很大,但他们尚未有抵抗肠病毒的抗体,所以研究也显示家中第二个得病的幼儿,病情往往会特别严重。事实上我们完全不能预估谁会变成重症,不过幸好要变成重症之前是有迹可循的。

◆须注意孩子有无以下症状

• 嗜睡、意识模糊、眼神呆滞、疲倦无力。

• 持续呕吐。

• 小孩在安静、非发烧时仍会呼吸急促、心跳很快、脸色苍白、神情紧张、全身冒冷汗、血压上升、血糖上升。

• 出现眼球震颤、眼球乱转、眼球偏向一侧、肢体麻痹、动作失调。

• 肌跃型抽搐。

如果有上述这些重症前兆,请赶快把孩子送到医学中心,千万不要延误了急救的时机。对于重症的个案,医师会给予各种急救药物或免疫球蛋白来调节孩子的免疫反应,只要转送得快,孩子都有机会痊愈,也比较不会留下需要长期依赖呼吸器或鼻胃管进食等等神经方面的后遗症。

◎时时备战的态度

说真的,肠病毒似乎已经融入我们的生活了,我们也不需要太过害怕它,大家不妨用轻松而谨慎的态度去面对它就好,因为肠病毒的生存力很强,每年一定都会一再重演,怎样也无法逃避。

肠病毒的种类又那么多,孩子得过其中一种,身上产生的抗体并不能保护不得另外一种,所以得过肠病毒的人还是会再得。更厉害的是肠病毒的传染力很强,家中有一个小孩得病,其他的孩子都很难避免,因为在潜伏期还没有症状的时候,孩子的口水或粪便中就有病毒可具传染力,之后病毒仍可持续释出长达 12 周之久;另外有些人症状轻微,只是像感冒一样,根本在不知不觉中成为散播肠病毒的媒介。

为了预防肠病毒,唯一有效也是最基本的方法就是养成良好个人卫生习惯。老师都有教小朋友要勤洗手,洗手的时候要做到"湿、搓、冲、捧、擦"几个步骤,这是大家都很熟悉的,这五个步骤最重要的其实是"搓"这一步,到底要怎么搓才能搓得干净,真正把病毒搓掉呢? 我教大家一个医院推行的洗手七字诀:"内、外、夹、躬、大、立、腕"。

- 两手心内侧互搓。
- 左手掌搓右手背外侧,然后交换。
- 双手十指交叉夹起互搓。
- 两手呈打躬作揖状,右手拳头搓左手心,然后交换。
- 右手搓洗左手大拇指虎口,然后交换。
- 右手五指立起与左手心互搓以清洁右手指尖,然后交换。
- 右手搓洗左手手腕,然后交换。

这七个位置全部都要洗到。每一次都要用力搓,每一个角落都要仔细搓,每次洗手至少都要一分钟以上,才会有效。如果只是沾沾肥皂就冲水是不会有效的。不只小朋友要认真洗,大人更要确实做好洗手的步骤,才能保护小朋友不受感染!

◎用对方法正确消毒

在幼儿园、托儿所、小学如果要做消毒也要用对方法才行,清洁剂、酒精是杀不死肠病毒的,必须用含氯的漂白水才有效。

　　一般环境消毒可将幼童常接触的物体表面,如门把、桌椅、玩具、游乐设施等,使用500ppm浓度的氯水,做重点式的擦拭即可。制作的方法可用市售的漂白水5汤匙加入10公升的自来水中均匀搅拌即成。

　　若是被病童分泌物污染的物品表面则建议使用1000ppm浓度的氯水去清理。清洗好的物品还可以拿到太阳下去曝晒,因为紫外线具有杀菌的功能,肠病毒又不耐高温,在50℃以上的环境就会死掉,这是个很好的消毒方法。

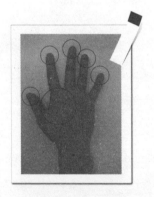

研究显示,洗手时手腕、指尖、虎口等标注区块是最容易被忽略、细菌残留最多的地方。

◎避免传染他人

　　得了肠病毒的小朋友,请尽量在家休息,不要再到学校,避免传染给其他同学,一般建议请假七天,也就是一开始传染力最强的这几天,七天过后传染力就大减了。

　　但是小朋友仍然要时时正确洗手及养成良好个人卫生习惯,因为肠病毒仍然会持续散播一段时间。至于幼儿园或小学低年级班上有两名学生得了肠病毒时要不要全班停课，就依当时中央政府有没有公告强制停课的规定来办理，而小学中、高年级则不需要全班停课了。

肠病毒每年都会一直存在，我们要接受这个事实。而且要用轻松的心情去面对它，不要过分担心。如果真的得了肠病毒只要好好休息，绝大多数都会自然痊愈，我们只要注意肠病毒重症前兆，要是病情一有变化立刻送往大医院，这样就能确保孩子的安全。

小贴士

轻松育儿小撇步

简易的消毒水在家就可自行调配，可用市售的漂白水 5 汤匙加入 10 公升的自来水中均匀搅拌即成。

材料：水、漂白水（市售漂白水次氯酸钠浓度为 5% 计算）

调配方式：

500ppm（次氯酸钠浓度为 0.05%）

100 毫升漂白水 （免洗汤匙 5 瓢） ＋ 10 公升清水 （8 大瓶矿泉水）

1000ppm（次氯酸钠浓度为 0.1%）

200 毫升漂白水 （免洗汤匙 10 瓢） ＋ 10 公升清水 （8 大瓶矿泉水）

突如其来的发烧怎么办?
新手父母别慌张!

◎身体的热从何而来

小朋友发烧这件事一直是父母关心的话题,究竟发烧是怎么一回事?发烧对身体到底会有什么影响? 我将一一替大家说明。我不会一味地说发烧一定没有坏处,但也请各位相信发烧对孩子是一定有好处的!

人的体热的产生是来自于肌肉活动、食物代谢与基础代谢产生热量;人的体热的散失是经由皮肤的传导对流辐射、汗水蒸发、呼吸、排尿、排便带走热量。

由于人是恒温动物,所以通过脑部下视丘的体温调节中枢就可以维持人体温的恒定。

例如寒冷的时候人会肌肉颤抖,肾上腺素分泌以增加产热,身体蜷缩、汗毛竖起、皮肤血管收缩以减少散热;炎热的时候人会皮肤血管扩张、呼吸加速、汗流浃背以增加散热,懒洋洋不爱动、不爱吃东西以减少产热。是不是很奇妙呢?

◎正常的体温是多少呢?

95% 年轻人早晨的口温介于 36.3℃ ~37.1℃ 之间,儿童的体温较高

0.5℃，介于 36.8℃~37.6℃之间，且肛温又比口温高 0.5℃~0.7℃；故正常肛温是 37.3℃~37.8℃之间，人的体温每天又有 0.5℃~0.7℃的波动，通常早上 6 点最低，傍晚最高。如果我们要量小朋友的体温的话，我建议一个月以下或体重太轻或不适合量肛温的小婴儿，可以考虑量腋温或背温；一个月以上的孩子就可以量直肠肛门温度最准，因为它最不受外在环境温度的影响，而手脚、额头受环境温度影响很大，并不适宜拿来量体温。至于耳温则记得一定要把小朋友的耳道拉直并且没有耳垢阻挡，才能量出正确的温度！

◎为什么会发烧？

发烧是因为热质所引起的，热质包括有细菌所产生的内毒素、外毒素，病毒所引起的发炎反应，单核球、巨噬细胞、内皮细胞受刺激所分泌的细胞激素等等，这些东西来到下视丘，使下视丘分泌前列腺素，然后前列腺素就会叫体温往上调整，这时候身体就用尽全力，包含上面所提到的肌肉畏寒、颤抖、皮肤血管收缩、手脚冰冷等等办法，让身体热度升高。

退烧药就是利用"抑制前列腺素产生"的方法以达到使热度不再上升的效果。

◎为什么要发烧呢？

既然发烧令人感到难过，那为什么还要有发烧的反应呢？发烧难道真的一无是处吗？其实不然，发烧的好处可多着呢！

◆发烧是一个警讯，告诉我们要注意了：

身体正遭受病菌入侵或是身体正处于发炎状态，以让我们提高警觉。

而且我们也可以从烧的程度去判断病菌的威力以及病情的严重度，例如如果高烧到令人畏寒的话，往往代表是较厉害的细菌感染、菌血症、流感病毒感染或扁桃腺化脓等等。

◆发烧可以提高人体的存活率：

• 因为细菌在高温的环境中会丧失其活性与毒性，如肺炎链球菌可在 41℃的环境下自动瓦解，不再发威。以前在没有抗生素的时代，治疗梅毒就是想办法把病人的体温提高以杀菌！

• 病毒也是在低温的环境下比较活跃，在高温的环境下就会失去它的活性及传染力。

• 人类的白细胞吞噬及毒杀病菌的能力也是在发烧的时候特别有力。

• 简单地说，下视丘设定要体温升高是为了营造一个有利我方（活化免疫细胞）、不利敌人（抑制病毒活性）的环境。

所以我们人在发烧的时候其实是通过各个层面在增加人体的抵抗力，发烧是一件好事，发烧不是那么坏，发烧也不是那么不重要，应该重新去认识发烧这件事，并对它的效用刮目相看。

但是发烧总是让孩子觉得很难过，父母也很舍不得。人每烧一度就会增加氧气消耗 15%，同时需要很多的卡路里去拉高体温，就好像在烧柴升火一样，必须花掉身体很多能量，孩子整个人就显得很虚弱；同时还会用去很多人体内的肌肉蛋白质来制造血糖、白细胞等，所以大病一场之后会觉得孩子瘦了一圈。

这些反应有些孩子是可能承受不住的，例如心脏功能不好的孩子、发烧会痉挛的孩子以及孕妇体内的胎儿也是，所以的确有些人是需要积极退烧的。

◎谁应该积极退烧？

很多家长遇到孩子发烧总是六神无主，焦急地要帮孩子退烧，只要孩子体温降下来了他就安心，但是过不久孩子又烧上去，爸妈就又急得像热锅上的蚂蚁了。但是小孩虽然在烧，人却依然活蹦乱跳，这时候大可不必着急，孩子一点儿也没有问题，更不需要一直要给他退烧，似乎只要表面上退烧了就会放心？

根据研究，退烧对病情并没有好处，中等程度的发烧对人体并没有伤害，一直按时服用退烧药往往是没有必要的。因为发烧可以提升免疫系统效能，使用退烧药会压抑免疫反应，孩子体温若没有高起来还可能助长病毒、细菌在体内散播开来，反而会推迟康复呢！而且一直吃退烧药会掩盖病情，医师在诊断病情的时候可以通过发烧的高低、发烧的频率来观察病情的演进，判断要不要做进一步检查，所以发烧的形式对我们追踪孩子的病情是很重要的。持续地吃退烧药并不是一个好做法，而且退烧药并不是没有副作用！像小孩子发烧就要避免使用阿司匹林作为退烧药，因为如果小孩子是得的流感、水痘或有时候肠病毒感染服用阿司匹林之后就会引发雷氏症候群，造成脑部及肝脏的损伤。

所以其实小孩子发烧的时候很少需要积极退烧的，积极退烧反而有坏处，只有以下几个情况才需要积极退烧：

- 发烧超过 41℃。
- 有先天性心脏病或慢性肺病、心肺功能无法负担太大者。
- 患有神经肌肉疾病。
- 有先天性代谢异常、糖尿病或贫血。
- 发烧会引起热性痉挛的人。
- 孕妇为了胎儿健康。

经过这番说明，相信大家都知道，大部分时候发烧都不需要急着退烧！

◎ 要如何退烧呢？

孩子的发烧若是因为病菌入侵而引起发炎反应才导致的，睡冰枕、洗温水澡、退热贴等都不再是退烧的好方法，因为当发炎反应叫我们的体温调节中枢把体温升高时，我们的身体就会努力用尽能量"烧柴升火"，眼看水就要烧开了，你却又拼命倒冷水加冰块，身体觉得奇怪怎么温度还没上来？于是乎又继续烧更多柴，消耗更多能量以提高体温，这样来来回回，小孩子就一直消耗能量，温度却一直上不来，最后孩子就虚脱了。

所以对于发炎反应引起体温异常上升的时候，用物理方法降温并不能达到最终退烧的目的，只是让孩子更累而已！因此现在并不建议在这种发烧的情况下给孩子睡冰枕或擦澡！如果要帮孩子退烧，正确的方法应该是直接阻断前列腺素的产生，也就是使用退烧药物才对！

我的建议是如果孩子在发烧的时候，不管是几度，若孩子没有难过的样子，那就不要退烧。有的小朋友当烧到39℃、40℃会感到不舒服，我们才帮他退烧。而且用药退烧的时候不应该用很多药，让孩子一下子就退到36℃，这样经常会退过头；也不必想让孩子温度一退下来就不再发烧，那是不可能的事，因为生病都是慢慢好的，在还没有消灭热质之前，孩子再烧起来也是很正常的事，至于要用口服退烧药或肛门塞剂退烧药，则都可依医师的处方适量使用！

另外有的发烧不是因为体温调节中枢的设定升高，而是因为产热太多或散热异常所引起的，例如热中暑或麻醉药引起的恶性热等等，就要努力用物理方法来降温才会有效了。

◎发烧会伤害脑袋吗?

如果发烧不是因为得了脑膜炎或脑炎,是不会烧坏脑袋的。生病时因为发炎反应使体温调节中枢调高身体的体温,身体会自行控制,再怎么样也不会让体温高于41℃,所以家长们大可放心,不是脑部疾病引起的发烧是不会烧坏脑袋的。但若是因为产热太多或散热异常所导致的发烧(例如中暑或恶性热),是和生病时体温调节中枢调高体温的发烧不同的。此状况体温往往会上升超过41℃以上,甚至43℃,这时候如果没有赶快阻断产热作用,并以物理方法散热降温,不多久体内的蛋白结构受到破坏,就会造成脑部永久的伤害,甚至导致肝衰竭、心肺衰竭,以致最后死亡。

◎孩子发烧时该有的正确态度

各位亲爱的家长,孩子生病引起发烧,其实是在增加抵抗力,并且有助于杀死病菌,是一件好事,并不需要慌张。我们替孩子退烧只是要让孩子舒服一点而已,并不是在治疗这个病。我们要改变想法,注意孩子的精神才是重点,如果他虽然高烧40℃,却仍有活力玩耍,你就不需要太担心;如果他没有烧,却有危险的病征,反而要特别小心了,什么是危险病征呢:

- 意识不清、持续昏睡
- 躁动不安、眼神呆滞
- 持续头痛、颈部僵硬

- 呼吸急促、胸凹肋凹
- 心跳太慢、心律不齐
- 口唇发绀、皮肤花花
- 尿量减少、哭泣无泪
- 三个月以下婴儿发烧

如果有这些症状,你就要赶快带孩子到医院详细检查!

孩子持续发烧超过几天会有问题？相信这也是家长们关心的话题,一般感冒烧三天多半是疾病的自然病程,孩子如果精神很好,你可以不必烦心,甚至不看医师也可以；发烧到五天还在烧,你就要谨慎一些,可以带给医师诊察看看有没有厉害的感染或是感染引起并发症等等,不过病毒性扁桃腺化脓也常常会烧到五天左右；如果到了第七天还在烧就比较不寻常了,这时候一定要带到大医院好好检查,可能连医师都需费一番工夫才可以抓到病因呢!

我们往往是因为不知道孩子什么原因在烧才会担心害怕,只要找到病因,适当治疗,孩子的烧自然就会缓和,家长也就不再忧心了。偏偏小儿科病人发烧大多是病毒类上呼吸道感染,也往往都抓不到是什么病毒感染引起的,所以只要没有这些危险病征的话,等待孩子用抵抗力消减病原,度过疾病的自然病程,他就会退烧,恢复健康了。

幼儿感冒鼻塞、流鼻涕，看耳鼻喉科才能对症下药？

◎儿科与耳鼻喉科

其实小孩子上呼吸道病毒感染有一定的病程，发烧、鼻塞、咳嗽、流鼻涕是常见的现象，很多家长或许是因为心疼孩子的不舒服，或许是希望孩子快一点好，或许是迷信感冒就是要喷一喷喉咙、抽一抽鼻涕才会好，于是乎看病的时候就会要求医生帮小孩做这些事。正因为耳鼻喉科医师就是专精于这些，所以自然而然孩子生病了就先带给耳鼻喉科医师看了。

这个问题包含两个部分：一是小孩生病了带给耳鼻喉科医师看好不好？二是上呼吸道感染有没有必要抽鼻涕、抽痰呢？但是小孩子生病当然应该给儿科医师看才对，有几个重要理由如下：

◆专业训练

因为儿科医师接受了三年儿童专科医师的训练，有些人再加上两年的儿童次专科医师训练，有了这五年扎实的训练基础，使我们了解儿童生理及心理的特性以及儿童生病的特质，我们知道如何靠近孩子不让他们对医师产生恐惧。

◆诊断精确

儿科医师也比较知道不同年龄层的儿童会生什么病，所以我们对疾病的诊断比较精准,比起一时缓解不适,对症下药更能快速恢复健康的状态。

◆用药安全

儿科医师开的药对儿童比较安全有保障,什么药可以给小孩子用,什么药不可以给孩子用,特别是在抗生素的使用上,因为儿童发烧生病绝大多数是病毒感染,他们绝大多数是不需要使用抗生素的;但耳鼻喉科医师非常习惯开立抗生素,甚至开了儿童不宜的抗生素,对小孩子来说其实是多吃无益,反而有害,这多是因为习惯,或是不了解儿童生病的特性所致。

◆全面诊察

儿科医师在替小朋友看诊的时候比较会注意到孩子整个人的病状,即使孩子只是喉咙痛也会把他放到检查床上从头到脚仔细翻过一遍,不会只是做局部的涂抹而已。特别是在一些不好诊断的儿童特有的疾病,若是没有丰富的儿科经验的话会容易漏失,例如肠病毒重症前兆、感染性单核球增生症、川崎氏症、紫斑症、肠套迭、气喘……在这里我要特别提醒各位家长,十八岁以下的孩子都是小儿科的范畴!

◎是否采取局部治疗

儿童生病刚好大多是上呼吸道感染,上呼吸道感染就是会鼻塞、鼻涕、有痰,因此耳鼻喉科医师刚好就派上用场,家长会常先带孩子去看耳鼻喉科的原因无非是希望医师可以马上解决孩子局部的不适!那么喷喉咙、抽鼻涕在小孩子上呼吸道感染时是不是真有其必要性呢?这个问题在儿科界也是看法两极,我就条列当中的优缺点给大家做参考,不妨自行判断一下!

	做局部治疗	不做局部治疗
症状上	抽完鼻涕,立竿见影,小朋友立刻上呼吸道通畅;喷喷药喉咙也不痛了。	鼻子塞住不能呼吸,无法吸奶、睡不安稳、持续哭闹、喉咙痛、心情烦躁。
安全上	小孩子会挣扎,经常抽到流血。	无受伤风险。
心理上	如果每次看病都要这样五花大绑、按住孩子的头,医师拿出恐怖的器械亮晃晃地在孩子面前,然后伸到口鼻里面喷喷抽抽,只是徒增孩子看病的恐惧感,以后看到医生叔叔一定又哭又逃,更难以接近,增加日后看病的困难度。	认为医生和蔼可亲、笑容满面,孩子接受度好、配合度高,使看病不会是一件可怕的事,让医生好好诊察,是有助于病情诊断的。
病情上	仅仅治标效果,对疾病的过程并没有改变。	生病要好,仍然需要靠多休息、按部就班吃药,这才是根本之道。

　　经过以上说明,相信你可以了解局部处置的优缺点,我比较持平衡的态度,因为它确实有它的好处,但也带着一些坏处! 不妨带小朋友给信任的儿科医师看,请他帮孩子做一些局部处置。但是要记得乖乖配合治疗,注意孩子病情变化,这才是对孩子最重要的!

幼童需要接种肺炎链球菌自费疫苗吗？

◎认识肺炎链球菌

目前肺炎链球菌疫苗属于自费接种疫苗，如果全部自费接种的话，总共大约要花费12000元，这对一般小康家庭来说也是一笔不小的开销。

可是看到那么多人都在打，自己的小孩如果没打的话，会不会怎么样呀？要打又那么贵，到底值不值得花这个钱呀？相信家长们都很想知道。

首先我们简单来认识一下肺炎链球菌，它是由两个细菌彼此凑在一起的，所以又叫作肺炎双球菌，然后这些细菌再一长串排列起来像链子一样，所以叫作肺炎链球菌。

肺炎链球菌的致病毒性决定在它外层包裹的荚膜，这层荚膜会使得我们的白细胞不易吞噬它，因此它就可以一直在我们的体内复制、流窜而致病。我们根据荚膜的不同，把肺炎链球菌分成90多种血清型，其中有15种左右是临床比较重要的菌种。

◎危害儿童健康的首要敌人

肺炎链球菌是儿童最重要的致病菌。一岁以下的孩子有30%平常就带着它；1~2岁的孩子有50%；2~3岁的孩子有60%；3~4岁的孩子有

55%；4~5 岁的孩子有 45%。肺炎链球菌潜藏在鼻腔中,等待孩子感冒时呼吸道黏膜破损,它就趁机钻入呼吸道中造成感染,所以肺炎链球菌感染主要发生在 12 月到 3 月。轻者导致鼻窦炎、中耳炎、肺炎；重者引起侵袭性疾病如肺积水、肺脓肿、脑膜炎、骨髓炎,甚至败血症或死亡等等。近来由于抗药性菌种情形严重,治疗肺炎链球菌的第一线抗生素已有高达八成是无效的,因此又增加了治疗的困难度。

发生侵袭性肺炎链球菌感染的两大族群就是五岁以下儿童以及 65 岁以上的老人,如下表所示：

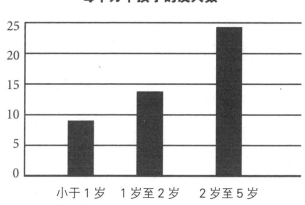

每十万个孩子的发人数

就因为肺炎链球菌易感染婴幼儿、毒性强又治疗不易,因此发明肺炎链球菌疫苗,希望利用打预防针的方式,让预防胜于治疗,使我们的孩子免受严重感染的威胁。

◎ 施打疫苗的成效到底如何？

我们先来看看美国的结果：美国从 2000 年开始施打新型七价肺炎

链球菌疫苗(所谓七价就是指疫苗中含有七种不同血清型的肺炎链球菌的保护力,当然挑选出来做成疫苗的七种型别就是临床上最常感染的七种型别),结果本来得到侵袭性感染的案例每年每十万个孩童有 100 个左右,到了 2002 年急速下降到只剩 20 个左右,减少有八成;在欧洲各国使用肺炎链球菌疫苗之后 3~5 年的统计显示,侵袭性感染的个案减少也有四成到六成这么多,尤其是疫苗所涵盖到的肺炎链球菌几乎完全消失了。不但得严重疾病的人减少了,连正常人鼻腔呼吸道互相传染带菌的比例也下降了,所以感冒后并发中耳炎、鼻窦炎的孩子就少了,孩子使用抗生素的机会自然大大减少,进一步避免培养出抗药性的细菌,这真是一个很重要的好处。

◆ 6 个月大之前施打者

基础剂要三剂,间隔 2 个月,然后一岁之后再补追一剂。

◆ 7~12 个月大开始施打者

基础剂要两剂,间隔 2 个月,然后一岁之后再补追一剂。

◆ 1~2 岁大开始施打者

间隔 2 个月共施打两剂。

◆ 2 岁大以后施打者

只要接种一剂即可。

你会发现孩子越大打越少剂,所以是不是晚点打好呢？事实上是越早打越早得到保护越好！但是这么贵的疫苗,不是人人打得起。

如果政府能够免费施打这种疫苗,届时,这种危害婴幼儿最重要的细菌应该就会大大减少了！这真是给婴幼儿的一个最好的礼物。

◎适合施打该疫苗的情形

如果家里的幼童符合下列情况的话我会建议施打肺炎链球菌疫苗：

• 家中幼童是送去托儿所给人家照护。

• 家中幼童的哥哥姐姐正在念幼儿园，又经常感冒回来。

• 家中幼童有特殊的心肺疾病（如先天性心脏病、早产儿……）。

• 如果经济能力尚可负担疫苗的费用。

若符合以上情况建议从 2 个月大就开始接种肺炎链球菌疫苗。要是小孩已经年满 2 岁，却从没打过肺炎链球菌疫苗的话，就赶快带去打免费的一剂吧。希望之后全国的宝宝都能借着公费疫苗的施打，减少得这个病的几率，大家都能健健康康地长大！

另一种幼儿常见传染病：轮状病毒

◎少量病毒便能致病的无形杀手

轮状病毒是另一个婴幼儿常见的传染病，全世界估计每年有一亿一千万个孩子感染轮状病毒，其中有五分之一症状严重。你一定无法想象：每年全世界有 50 万儿童因感染轮状病毒而死亡！即使是美国这么先进的国家，每年也有大约 40 名孩童因此病死亡！在台湾地区由于就医非常便利，孩子多可以得到妥善的照顾，如果得了急性肠胃炎拉得厉害的时候，我们会给予点滴补充水分，之后慢慢调养都会恢复正常，很少发生严重并发症。

但是家里有小朋友感染过轮状病毒的爸妈都知道，第一天小孩子呕吐发烧，第二天之后就开始狂拉，水泻的大便可说是喷泻出来的！小孩子一吃就拉，而且肚子会鼓胀得很厉害，到最后就脱水了，叫人看了好心疼！

轮状病毒之所以这么厉害的原因是因为孩子只要吃进 10 只病毒就会发病，而小朋友每一次呕吐可以释放出 3 千万只病毒！所以家里只要有一人生病，其他人皆无一幸免，包括大人。又因为轮状病毒入侵小肠黏膜细胞之后，在里面大量复制，最后造成这个细胞的崩解借以释放出更多病毒，继续去感染临近的小肠黏膜细胞。就这样恶性循环，使得整个小肠黏膜破坏萎缩，而它负责消化糖类的功能丧失，负责吸收水分及电解质的功能也丧失,所以你会发现只要孩子再喝到含有乳糖成分的奶类,他就会拉得更凶;而且因为小肠黏膜要再长回来需要一段时间,许多孩子常常因此而持续拉肚子一个月左右!

◎新生儿一定会遇上的敌人

根据统计,在两岁以内几乎每个孩子都至少会得一次轮状病毒感染,有7成的人会得两次,有4成的人会得三次,甚至有1成的人在两岁以内曾得了五次轮状病毒感染!所幸我们人体的免疫功能很好,虽然可能会碰到很多次轮状病毒,但重要的是感染的症状会一次比一次轻微!

就因为它传染力强,感染时小朋友又很辛苦,所以就有轮状病毒疫苗的发明。目前市面上有两种轮状病毒疫苗:一个是欧洲的罗特律,一是美国的轮达停。这两种轮状病毒疫苗效果都很好,宝宝最快可在6周大的时候口服服用第一剂,间隔4~12周使用下一剂。罗特律轮状病毒疫苗必须使用两剂,最迟可在宝宝6个月大的时候使用;轮达停轮状病毒疫苗必须使用三剂,最迟可在宝宝8个月大的时候使用。

◎轮状病毒疫苗成效如何呢?

美国从2006年开始使用轮状病毒疫苗以来,在冬天轮状病毒好发的季节,小朋友如果拉肚子被验出是轮状病毒的比例就逐年下降,到了2010年已经降到2006年以前的五分之一而已!因为感染轮状病毒严重到需要住院的宝宝也大大减少,可见疫苗的确成效显著!

其实轮状病毒也有各种类型,简单地说以P、G来命名。其中"P"有10多种,"G"也有10多种,这样组合起来就会有数百种不同排列组合的型别。

总的来说接种过轮状病毒疫苗的孩子,有7成至9成,即使得病他们也不会严重到需要住院的地步。不论是罗特律或轮达停,对于疫苗有涵盖到的型别,或是疫苗没有涵盖到的却能跨型别的保护作用,如果没有吃满预定的剂次,大约有7成5的保护力;如果吃满预定的剂次则可以达到8成的保护力。

◎接种疫苗才是有效预防之道

因为轮状病毒是一种传染力很强的病毒,任凭家里洗得多干净,孩子还是会得,所以唯一最有效的预防之道就是接种疫苗。使用过轮状病毒疫苗的孩子,就算得到感染,他们的症状也都比较轻微,孩子比较不会太痛苦,也不用花太多时间在孩子的腹泻、脱水上。不过目前的报告看到,吃了疫苗还是无法百分之百对所有的轮状病毒型别都有效,如果孩子得到的正好是少见的型别,就可能临床症状还是会很厉害。所以有的家长会反应虽然花了钱,但孩子仍然拉得很凶需要住院。

我的建议是:轮状病毒疫苗是个有效的疫苗,它已经尽量做到最好的功效,不但对吃了的孩子有效,它还能顺带保护家里或小区里其他没有吃轮状病毒疫苗的孩子(所谓群体保护免疫)。若是经济能力尚可,鼓励你使用轮状病毒疫苗!

过 敏 篇

关于过敏三二事

常见过敏疾病大剖析

过敏的疾病是超乎想象的多。从出生开始肠胃道对奶中蛋白质成分过敏，6 个月左右皮肤开始有异位性皮肤炎，到 1 岁之后呼吸道发生过敏症状的气喘和过敏性鼻炎，似乎是接二连三地出现。我们的孩子好像特别会有这些过敏的疾病！到底是发生了什么问题？什么是异位性皮肤炎？什么是气喘？什么是过敏性鼻炎？这儿科的三大过敏病到底是怎么回事？皮肤长疹子就是异位性皮肤炎吗？流鼻水就是过敏性鼻炎吗？咳嗽是感冒还是气喘呢？这些知识相信是家长们迫切想要知道的。接下来这一章我就仔细地来为你解说这诸多的疑问。

别以为红疹都一样，认识新生儿常见红疹！

◎红疹不一定就是过敏

在健儿门诊，我常常会遇到家长提出来这个问题，担心孩子是不是有异位性皮肤炎，其实有异位性皮肤炎的婴儿大多在三个月大之后才会慢慢显现出来，家长往往都担心得太早了。

◎粟粒疹

在新生儿时期常见的疹子就是粟粒疹，我称之为"热疹"，就是一些小小红红的疹子。它的成因就是汗腺出口阻塞，所以当给宝宝穿得太闷太热的时候就会长这些热疹，最常见好发的位置就在额头上。要解决热疹的问题很简单，只要给宝宝通风或吹吹冷气，它就会好了。临床上根据汗腺阻塞的位置可以有三种不同的皮肤外观形态：

若汗腺是阻塞在皮肤很表浅的位置，我们就可以看到一颗颗亮晶晶清澈的小水泡布满在宝宝的额头上，要是不小心弄破了，还会有一滴滴汗珠流出来！

如果汗腺是阻塞在表皮层内的话，我们看到宝宝的皮肤会比较红红的、一粒粒的小丘疹，就像是"痱子"，这时候他虽不会痒但却很刺痛，治疗上除了保持凉爽也可以给他擦痱子膏以消除不适。

　　若是汗腺阻塞在更深的真皮层,外观看起来则是像白色的丘疹,这些汗腺出口阻塞的疹子要和皮脂腺出口阻塞的痘痘做区分的最简单方法就是:前者是与毛不相关的疹子,而后者的疹子则是与毛囊长在一起的!

◎脂溢性皮肤炎

　　当宝宝一个月左右大的时候常常就会看到婴儿脂溢性皮肤炎。它好发的位置在头皮、眉毛、耳后、脸颊,它的特征是一块一块黄黄、厚厚、油油的皮屑,厉害的时候还会发红、裂开,看起来好可怜! 这是因为婴儿的皮脂腺分泌旺盛的缘故。老人以前会用麻油擦在头顶上借以软化皮脂,然后再慢慢抠下来,我觉得未尝不可。不过脂溢性皮肤炎会周而复始地发生,当旧的脱落后不久又会有新的长起来,一直要到皮脂腺自然萎缩之后才会消失。这期间如果有比较厉害的发炎时,可以用类固醇药膏擦 2~3 天就会缓和,从头到尾将近要四个月左右就会完全好了,只是看起来丑了些,家长不必太担心。

◎真菌感染

　　除了这些长在脸上的疹子以外,宝宝的脖子也常常会看到一些红色的丘疹,特别是那些胖嘟嘟的宝宝,由于皱折处闷热潮湿,最容易有真菌孳生,也就是念珠菌感染,它的特征是一颗颗红色小丘疹长在潮潮黏黏的皮肤上。如果脖子上有这样病症的婴儿,我们还要检查他的腹股沟。这个地方同时也会有念珠菌生长,它的特征是如卫星散布式的红色小丘疹,位于阴囊或阴唇上并延伸到腹股沟,甚至臀部皮肤上。治疗上必须使用抗真菌药膏,并改善温热潮湿的皮肤环境才能根治。记得,身体上有念珠菌感染的孩子一定要再检查他的嘴巴,因为很容易在照顾婴儿的过程中又把真菌带到他的口腔里了,这就是鹅口疮。要是连嘴巴里都有念珠菌的话就更难根治了,因为为了杜绝所有可能的感染源,必须要把宝宝的奶瓶、奶嘴统统拿去用烧开的水煮沸三分钟才能杀死真菌。我一直告诉家长,奶瓶、奶嘴光用消毒锅蒸过是不够的。如果是亲自哺喂母乳的话,连妈妈都要一起治疗,即在乳头上擦药膏,不然宝宝一吸奶就把念珠菌留在妈妈的乳头上,下一次妈妈哺乳的时候又再把念珠菌传回宝宝口中,传来传去,口腔念珠菌永远也好不了。

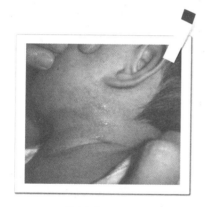 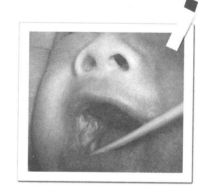

典型真菌感染　　　　　　　口腔感染念珠菌

◎青春痘

在这个同时,婴儿还可能出现青春痘的情形!其实这就是皮脂腺出口阻塞所造成的状况,它好发在脸颊及额头的部位,有的像白头粉刺,有的像黑头粉刺,如果发炎或感染了细菌还容易形成脓疱。治疗上最重要的就是保持清洁,用清水洗干净就好,也可以在有感染的部位局部辅以医师开立的抗生素药膏,但先不要擦类固醇药膏,因为常常愈擦愈多,一般也是要等皮脂腺恢复正常后才会痊愈。另外还要提醒妈妈们,千万不要给宝宝使用成人的保养用品,里面的成分和防腐剂含量都不适合宝宝。

◎ 毒性红斑

小宝宝脸上其实会有各式各样不同的疹子,每种都各有特色。若是在刚出生第一周的婴儿脸上所发现的疹子,最常见的是毒性红斑。它的特征是皮肤上有不规则红红的斑块,中央有一个大小约 1~2 毫米黄黄的小水泡,大部分出现在胸部、腹部,少部分出现在脸上或四肢。我就曾把这些水泡内的液体放在显微镜底下看,里面都是嗜伊红性白细胞,所以我想这可能是宝宝接触到外界环境(包括包巾、床铺、大人的手等等)的一个适应的过程,不需要任何治疗,只要一到两周就会自然消失。

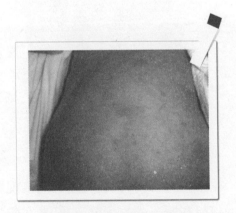

发生在胸腹部的毒性红斑

出现异位性皮肤炎，这就是过敏的反应？

◎哪些人会得异位性皮肤炎呢?

父母有过敏体质与孩子会不会发生异位性皮肤炎有显著的相关性。有很多研究已经找到与过敏体质有关的基因，除了遗传的因素，环境中的诱发因子也会影响异位性皮肤炎的发生，特别是食物过敏原，例如蛋白、牛奶、花生，这些是一岁以内的宝宝最常见的诱发异位性皮肤炎的食物过敏原，另外像呼吸道过敏原，例如尘螨、猫毛、花粉则会影响异位性皮肤炎发作的严重度。

有异位性皮肤炎的孩子除了发作当时很难受之外，长期追踪下来有三到四成的孩子会发展成气喘或过敏性鼻炎，几率是一般孩子的5倍，这才是我们最在乎的问题。他们会这样子演变，除了本身就是过敏体质以外，近来研究发现过敏原从破损的皮肤进入人体引起"致敏化"，也扮演了一个很重要的角色。所以我常告诫家长，保护异位性皮肤炎孩子的原则就是维持皮肤的完整性，避免搔抓，预防感染，不要让它变成气喘或过敏性鼻炎。单纯的异位性皮肤炎平均在5~6岁就会改善很多，只有大约1%~3%的人到成人还一直好不了。

◎异位性皮肤炎的成因

正常皮肤的角质层具有保水保油的功能,其中一个关键蛋白——聚角蛋白微丝可建构皮肤细胞骨架,成为紧致强硬的形状,避免外物入侵,它又可在角质层中转化成天然保湿因子,借以留住水分,维持正常皮肤的酸碱值。

异位性皮肤炎的人聚角蛋白微丝不足,使角质层的屏障功能失常,有关的遗传基因也被找出来了,研究显示此基因发生变异,造成异位性皮肤炎的人将来也容易转变成过敏性鼻炎及气喘。

另一方面,异位性皮肤炎的人皮肤角质层细胞间的脂质量也不够,细胞间的黏合剂也不足,所以皮肤就无法保持住油分。更糟的是给病人带来皮肤痒感,不断地"发痒→搔抓→机械性伤害促使皮肤发炎恶化→更痒→更抓→更厉害",如此恶性循环。

之前提到搔抓造成的伤口容易感染金黄色葡萄球菌,它会破坏调节性 T 细胞的功能。正常人 T 细胞定期会死亡,而被金黄色葡萄球菌刺激的 T 细胞却会不断增生, T 细胞一直存在就会造成过敏原一直在我们的免疫系统中,这也就是异位性皮肤炎一直反复发作的原因。

◎异位性皮肤炎的明显症状

典型异位性皮肤炎在宝宝三个月大左右就会开始显现,一开始会先从脸颊、下巴、耳前、发际等位置出现婴儿湿疹,也就是一些红红的斑块伴有些许渗出液,然后变得粗糙脱屑,慢慢的连脖子、胸前、肘膝髁关节,也会有红红的发炎及粗粗的皮屑。

孩子常因无法忍受极度的痒感而用力去搔抓它,造成破皮流血、细菌感染。这些孩子往往把自己抓得体无完肤,还是忍不住要再继续抓,令人好生心疼,再经过一段时间皮肤就会得增厚、苔藓化,呈白色糠疹样。通常孩子的身上会同时存在各个时期的病症,伴随着大大小小的伤口,反反复复地发生,严影响到孩子的生活质量,也会造成孩子的情绪低落。

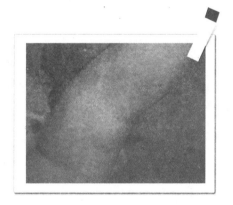

湿疹造成的苔藓化

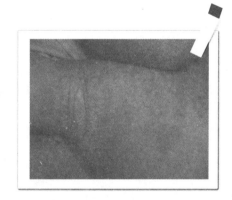

扩及腋下的婴儿湿疹

异位性皮肤炎的致病机理

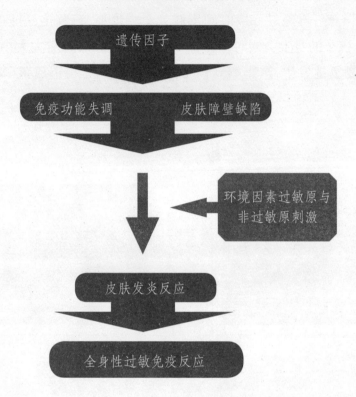

遗传因子

免疫功能失调　　皮肤障壁缺陷

环境因素过敏原与
非过敏原刺激

皮肤发炎反应

全身性过敏免疫反应

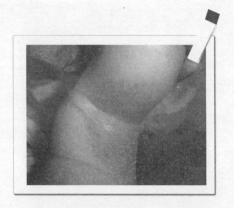

严重的膝髁关节婴儿湿疹

◎异位性皮肤炎要如何治疗呢？

基于上面所讲的致病原理,治疗上最基本、最重要的就是"保湿"！根据 2012 年欧洲异位性皮肤炎治疗准则,保湿是最重要的基础治疗。保湿剂可分为乳液、乳霜及油膏,我建议大平面范围的如胸、腹、腿等,可用清爽的乳液；局部严重部位如肘、膝、腘、髁关节等,用比较滋润的乳霜；冬天要加强保水保油则可用效果较好的油膏。依据欧洲异位性皮肤炎治疗准则,小孩的保湿剂要用到每周最少 250 克才够,这要怎么算呢？如果把乳液挤满大人的食指尖第一指节的长度,这一节的量约有 0.5 克,按每周最少 250 克这个标准算下来,一天要全身擦 2~3 次才可以获得足够的保湿效果。所以我常建议家长保湿剂要常擦,只要你觉得孩子皮肤又干了就再擦,不是只在洗完澡才擦。

根据建议,给孩子洗澡用温温的清水,轻轻除去身上的脏污,不要用肥皂；用泡澡的方式最好,但是洗 5 分钟就好,在起身前 2 分钟加一点沐浴油以加强保湿的效果；起身之后拍拍身上的水珠,不要擦干它,就可以上保湿剂了。市面上保湿剂的产品很多,要注意不要有香精、防腐剂、刺激成分。根据研究结果显示,长期规律使用保湿剂可以维持皮肤的完整性,可以减少类固醇药膏的用量,还可以避免金黄色葡萄球菌的生长。但是当异位性皮肤炎正在发作的时候单用保湿剂的效果就不够好了,一定要先用类固醇药膏擦到皮肤症状缓解才行。所以治疗异位性皮肤炎另一个重要的利器,就是类固醇。

◎使用类固醇治疗

类固醇药膏是治疗异位性皮肤炎最重要、最有效的药物,大部分家长都对它抱着排斥的心理,其实我们应该用更正确的态度去看待它。只要用得对,类固醇药膏可以缓和孩子的瘙痒,中止它的发炎反应,避免病情恶化,这是很重要的。

在使用类固醇药膏的时候请掌握几个原则:

◆类固醇药膏的强度从强至弱分成 1~7 级

七个等级,使用的大原则就是越嫩的部位如脸颊,还有给年纪越小的孩子,用越弱的类固醇药膏;越厚的部位如关节,用强的类固醇药膏。

◆治疗以一天擦两次开始

"痒"是判断类固醇药膏治疗有没有效的标准,必须等到痒感消失后才可以开始递减药量,如果效果不显著就骤然停药会容易复发。在使用类固醇药膏的时候仍然要配合着保湿剂同步保养,可收事半功倍之效。但是要注意先使用保湿剂,等 15 分钟后才擦类固醇药膏,因为药膏必须擦在湿润的皮肤上效果才会好。

有的孩子的伤口真的惨不忍睹,一直流脓,这时候你可以用"湿敷疗法",就是擦上类固醇之后,用湿纱或专门的包布包裹起来,再每天换药。包住的好处是可以加强保湿,促进药物吸收,且让孩子无法再抓。持续湿敷疗法大约 3 天,伤口就会改善;如果可以持之以恒 14 天,就可以让伤口愈合得更好了。

目前有新的实证医学观念就是:异位性皮肤炎在缓解期时仍然持续擦少量的类固醇,大约一周两次擦在之前好发的部位,这样可以避免复发,而且并不会增加副作用。至于口服类固醇则应该谨慎使用,虽然效果很快,但也常常在停药后又复发;因此只有在极严重发作的时候才可以短期(以一周为限)使用口服类固醇。

◎ 免疫抑制剂

另外一类用于异位性皮肤炎的药膏——免疫抑制剂（TCI），是不含类固醇的药膏，以往它们是用在当类固醇疗效不好时的第二线用药，它适用于2岁以上的小朋友。由于擦了它不会造成皮肤萎缩变薄的副作用，所以很适合擦在细致的部位，例如眼皮、口周、脸颊、腋下、腹股沟、阴部等等，这类药物除了可以治疗异位性皮肤炎以外，还可以调节皮肤中免疫细胞的功能，使它们不再诱发过敏反应。

前较担心的是 TCI 这类药物会不会导致皮肤癌或淋巴癌的问题，不过到目前为止数年的大型研究观察显示，TCI 并没有增加致癌的风险性。同样的，当异位性皮肤炎缓解的时候，也可以用 TCI 一周两次擦在之前好发的部位，以达到预防复发的效果。

◎ 细菌与真菌感染

之前提到，患异位性皮肤炎的皮肤非常容易遭受病菌感染，特别是金黄色葡萄球菌。有90%的异位性皮肤上都带有它，当表皮被搔抓破损之后，细菌就趁机入侵，造成感染以及诱发免疫反应，所以用抗生素清除这些细菌也是一件很重要的事。使用抗生素的原则是，不必在未感染时用预防性抗生素，应该在有明显感染时才用，可以用短期口服抗生素，或是用擦的药膏，但是不可以连用超过两星期，以免产生抗药性菌种。除了细菌之外，异位性皮肤也容易受真菌感染，如"头颈皮肤炎"，必须用抗真菌药物治疗。另外，比较严重的，当皮肤有疱疹感染时也容易演变成全身性散布的疾病，从而造成厉害的丘疹、水泡、出血、结痂，必须立刻住院用静脉注射抗病毒药物才行。

◎益生菌是否有功效?

我想更多家长都想知道益生菌对治疗异位性皮肤炎到底有没有效果,答案就是:大部分都没有效。曾有研究表示益生菌可降低异位性皮肤炎发生的几率,但是却有更多研究结果显示是无效的。甚至有一研究是给予有过敏体质的孕妇及其出生后的新生儿服用益生菌,结果宝宝异位性皮肤炎发作的几率是降了一半,但是日后发生过敏性鼻炎及气喘的几率却增加了。

因此,如果是为了异位性皮肤炎这个问题,我的建议是不需要给小宝宝吃益生菌;如果是大孩子,你想试试看,可以,但必须先确认东西是安全的,例如没有塑化剂污染,且如果吃了一个月没有什么改善的感觉,就别再浪费钱了!

◎异位性皮肤炎的预防与照护

了解异位性皮肤炎的成因以及如何治疗之后,孩子日常生活的照顾上要注意什么呢?

◆哺喂母奶

哺喂母奶一定是减少异位性皮肤炎发生的最好方法,一般建议应哺喂六个月以上。不过,在喂母奶的期间,妈妈已经知道自己会过敏的食物一定不可以吃,因为当妈妈有过敏的皮肤症状时所制造的母奶,孩子吃了也会起皮疹;如果奶水不足需要喝配方奶时,我建议可以用牛奶做的蛋白质部分水解配方奶粉,的确可以减轻孩子的皮肤过敏症状。至于用羊奶或豆奶做成的一般配方奶粉,并不能改善孩子的过敏症状,家长就不要再多花冤枉钱了。

◆避免任何刺激物

避免机械性的刺激，不要穿羊毛衣或质地粗糙的衣服，应该穿纯棉的内衣，而且衣服要穿得宽松，不要太紧或太闷。

避免化学性的刺激，不要用含有香料或荧光剂的洗衣粉，不要让孩子在家里接触到二手烟、甲醛或挥发性有机溶剂。另外户外汽机车排放的废气含氮氧化物、硫化物等，对孩子也是一大伤害。

避免空气过敏原的刺激。猫毛是皮肤的强烈过敏原，应该要避免；而狗毛则比较不受影响。另外，像尘螨、真菌也会造成皮肤的过敏症状。

避免食物过敏原的刺激，这是幼儿异位性皮肤炎最重要的诱发因子，常见的如蛋白、花生、虾、螃蟹等等，吃了之后2小时之内很快就会产生荨麻疹、肠胃不适，之后2~48小时之内就会开始异位性皮肤炎发作的症状。像这些已经很明确知道会引起发作的食物，暂时还是能免则免，过一段时间则可以重新尝试，直到身体对它产生耐受性之后就可以正常吃了。目前研究显示，一般健康状况良好的婴儿，并不需要延后食用副食品，延后食用副食品并不会降低异位性皮肤炎的发生率。所以我还是建议4个月开始就可以接触副食品，少量、多样化的抗原刺激，是帮助宝宝达成食物耐受性的最好方法。

◆控制环境

夏天不要让孩子热得满身大汗，冬天还要让孩子捂得太厉害，其中如何掌握得宜，还需要家长下一番工夫。环境湿度控制要维持在50%~60%，孩子感觉最舒爽，还可以抑制尘螨、真菌的生长，降低异位性皮肤炎发作的几率，希望家长们要努力做到。

◆关心孩子的心理

因为异位性皮肤炎给孩子精神上带来很大的折磨，不论是不舒服的瘙痒，还是丑陋的外观，都会给他们很大的压力。所以我们还要给孩子做好教育,让他认识这个疾病,了解如何避免异位性皮肤炎恶化,知道怎样控制病情并感受到家人对他的关心,与医生建立良好的医病关系,充分与医师合作,这样才能好好战胜异位性皮肤炎,提升自己的生活质量。

小贴士

轻松育儿小撇步

如果你已经在纯母奶哺喂了,孩子还是有异位性皮肤炎的时候该怎么办呢?

首先妈妈要先杜绝所有会引起过敏的食物。

可以尝试一半母奶,一半蛋白质水解配方奶看看。

如果还是没改善,母亲及婴儿都要带来给医师检查,找出真正的过敏原。

幼儿久咳不愈，
你知道这也是气喘的一种吗？

◎ 不是只有喘才叫气喘

当家长听到自己的孩子被诊断为气喘的时候总是半信半疑："什么？气喘？可是他很少喘啊！"这是一般人对气喘的误解。

一般家长听到自己的孩子有这样的诊断，都会非常排斥，拒绝被贴上这样的标签。其实气喘并不是我们想象的孩子已经喘到上气不接下气了才叫气喘，气喘简而言之就是"比较敏感的气管"，而且有此症状的孩子并不在少数。

气喘是一种和遗传有关的呼吸道发炎反应，这个炎症反应会受到各种诱发因子，例如过敏原、感冒病毒、运动等的诱发，造成临床上急性发作，是个可恢复性的呼吸道阻塞症状。

气喘发作的时候症状可轻可重，轻者就是持续咳嗽，重者就是喘得很厉害。那是因为当气喘发作的时候，气管上皮脱落，黏液分泌增加，所以会感觉痰很多，又因为气管内细胞浸润和气管平滑肌痉挛造成呼吸道狭窄，所以小朋友会呼吸不顺，发出喘鸣声。

症状发作后有的人过一下子会自动恢复，有的人经过给药之后会恢复，有的人则是严重到需要住院治疗，有的人甚至会有生命的危险，可见气喘的后果可大可小，不能轻忽！

◎感冒、气喘怎么分

你一定会问,小朋友一天到晚在咳嗽,到底是感冒还是气喘? 到底什么症状要怀疑孩子可能是气喘呢?

以下几项是一些重要的线索:

• 好像一直在感冒,而且每次感冒几乎都要超过两个礼拜才会好。

• 感冒时除了感觉痰多,还会有喘鸣声。

• 感冒的小婴儿在熟睡时呼吸平顺,但是一醒过来开始活动了,就咳得凶,又喘得厉害。

• 2 岁以下的幼儿在半年内曾发生过三次以上呼吸道喘鸣症状。

• 孩子时常在夜间干咳,甚至听见喘鸣声,特别是在变天的夜晚更明显。

• 学龄儿童在学校上体育课或跑步后会咳得厉害。

• 孩子小时候也有异位性皮肤炎或过敏性鼻炎的症状。

• 父母或兄弟姐妹也有气喘。

以上这些症状如果答案大部分是肯定的,那么你的孩子是气喘的可能性就大增,一定要好好带给儿科医师详细检查才行。

◎气喘的分类

气喘的盛行率一年比一年增加,有 30% 在一岁之前就开始了第一次气喘发作,而气喘的儿童 90% 在五岁之前都会发作了。至于气喘严重程度,或气喘的症状会持续多久则很难预测,但大部分气喘的症状都很轻微,这些症状轻微的气喘儿童很多在十岁以后就很少再发作;不过若是那些在幼年时期就很严重的病人,例如常喘到住院或无法停药的人,到成年仍会持续有气喘的症状。我们可以依病人的临床症状把气喘分为三大类：

◆暂时性喘鸣

这些小孩子在两三岁内曾有反复的发作，但在 3 岁之后就不再有喘鸣的症状了。这类孩子的气喘症状多与环境有关，例如家里有人抽烟或是居家空气污染。

◆非异位体质的喘鸣

这主要是由感冒病毒诱发的气喘发作，在幼儿园阶段一直反复的气喘发作，需要持续用药，但大多在小学的时候就会症状减轻到平时不必用药的程度。

◆持续性气喘

这类幼儿很明显有其他相关的过敏症状，例如婴儿时期有肠胃道对奶类过敏、婴儿湿疹，大一点就有异位性皮肤炎，一岁之后过敏性鼻炎渐渐出现，两三岁时对一些吸入性过敏原产生特异性的 IgE 过敏反应，抽血也可看到他们血中的嗜伊红性白细胞增多。探究他们的家族史，父母或兄弟姐妹往往也有过敏的体质或过敏的疾病，这些儿童的气喘病程度上都会比较严重，时间上也会持续比较久，因此需要长期治疗。下一章节会再详细告诉大家如何战胜气喘疾病。

要想战胜气喘，
就该这样做才对！

◎与气喘的长期抗战

前篇提及气喘的成因，面对气喘我们要有整套对策，包括正确的诊断、完善的治疗计划、过敏原的测试、避免接触过敏原、适当的药物治疗，才可以把气喘病控制得很好。

◆正确的诊断

诊断气喘最重要的是病史要问仔细，平日的症状有没有倾向气喘的表现，小时候有没有其他过敏病，还有家族中有没有人也有气喘。用病史就可以诊断出九成以上的气喘儿，再加上其他抽血的检查来辅助，就能得到正确的结果。

◆过敏原测试

过敏原测试包括"定性"的 MAST 及"定量"的 CAP 检查，它不是确诊气喘的必要检查，不过确实可让家长对避免接触到过敏原有个明确的方向感。最常见的吸入性过敏原就是尘螨及其排泄物，其他还有猫狗皮毛、蟑螂、真菌等也是很重要的过敏原。另外有个更重要的气喘诱发因子值得家长多多注意，就是感冒病毒，很多孩子平日都很稳定，但是只要一感冒就会喘不停、咳得凶。这些感冒病毒还会损坏呼吸道，诱发免疫刺激，使气喘症状持续恶化，所以保护孩子敏感的气管不受伤害，就是要避免让他感冒,不要太小就让他上幼儿园,也不要在感冒流行的季节让他到人多拥挤的地方。

◆避免接触过敏原

当我们找出过敏原之后就要认真控制避免接触过敏原。我常告诉家长治疗气喘最根本的方法在于环境控制。一定要认真控制湿度,因为潮湿的环境容易孳生尘螨、真菌,湿气本身也会诱发气管收缩。一个良好的湿度控制必须把家里的环境保持在相对湿度50%~60%才是最适宜的。

尘螨占孩童吸入性过敏原的90%以上。尘螨是一种八只脚的微小生物,喜欢在温暖潮湿的环境繁殖,以人类的皮屑为生。母螨可产20~50颗卵,卵经过三周可变成螨,一个床铺内可能有数十万只尘螨在里面,它们的排泄物是引起过敏的主要物质。

◎预防尘螨的方法

1. 一定要用防螨枕头套、防螨被套才有用。

2. 每两周要用55℃的热水来洗一次寝具,先把尘螨烫死了,再下洗衣机。

3. 家里不要有地毯,也不要用厚重的窗帘布。

4. 所有毛茸茸的玩具都丢弃,保持清洁。

5. 房间一定要除湿,可使用空气滤清器以除去空气中的过敏原。

6. 冷气机出风口要加装过滤膜,有助于滤去真菌及杂质。

7. 平常清扫地板最好用吸尘器,用扫帚会弄得灰尘漫天飞舞。

8. 在换床罩被单时会抖落一屋子尘埃、尘螨,有过敏的孩子暂时不要进入房间内。

◎其他常见过敏原

◆真菌

家中其他的过敏原还有真菌。真菌主要存在于浴室,可以用漂白水好好除霉,并保持浴室的通风,情况就会改善。还有家中如果有壁癌的话也要好好处理,这都是真菌造成的。

◆蟑螂

家里若要防蟑螂就要保持厨房的清洁,因为它最爱油腻的食物残渣。还有晚上可将水槽用盖子盖上,以防蟑螂顺着排水管进到家中,另外适时喷杀虫剂也是可行的。

◆猫毛

猫毛是一种强烈的过敏原,我建议如果孩子检查出来对猫毛有过敏反应的话,还是尽量不要养猫会好一些。

◆烟害

还有家里不要有人抽烟也是很重要的。烟里面有上百种气管刺激物,烟会阻碍气管纤毛的摆动,增加感染的危险;千万不要说"我去外面抽就好",其实当你抽完烟从外面进来的时候还是满身烟味!为了孩子好,就戒烟吧!

◎气喘该如何治疗

药物治疗也是控制气喘重要的一环,接下来我就要告诉大家重要的气喘药物治疗。气喘的药物治疗可分为两大类:一是平时保养药物,二是气喘发作时的急救缓解药物。

◆保养药物

气喘平时保养的抗发炎药物有几种,医师常用如下:

• 欣流

白三烯素是一种发炎介质,会造成气管的伤害;这个药正是白三烯素拮抗剂,可阻止由白三烯素引发的一连串发炎反应。它不是类固醇,而且使用简单,每天睡前吃一颗就好,因此广为病人接受。这是一个要长期使用的药物,不过安全性颇高。只有少数家长反应孩子的情绪会受到一些影响。我们要注意的是,欣流毕竟是药物,一定要确实是气喘才可以使用,不能只是普通感冒、咳嗽、流鼻涕就随便吃!

• 吸入性类固醇

吸入性类固醇是控制气喘最有效、最安全的药物。大部分家长听到要长期吸类固醇就很排斥,其实使用吸入性类固醇的目的就是平时用一个低剂量的类固醇来维持气管的稳定,以避免真正气喘发作时要口服或注射大剂量的类固醇去控制病情。研究显示吸入性类固醇并不会影响孩子的生长发育,这是家长很在意的问题;所以如果孩子需要吸药,就应该遵从医嘱乖乖吸药,千万不要自行停药,倘若孩子因而发作了,要用更多药,才真的是得不偿失!另外对于气喘控制不良的五岁以下病童,还可以用长效型 β2 交感神经促进剂 + 吸入性类固醇合并制剂来治疗,等病情稳定后再逐项减量。

	良好控制	部分控制	未获控制
日间症状 咳嗽、喘鸣、呼吸困难	每周≤2次	每周＞2次	
活动受限 奔跑、玩耍、大笑后出现 咳嗽、喘鸣、呼吸困难	无	有	在一周内出现 ≥三项
夜间症状 夜间出现咳嗽、喘鸣、呼 吸困难	无	有	
需要使用急性缓解药物	每周≤2次	每周＞2次	
症状恶化	无	每年≥1次	在一周内 出现≥一次

　　有一个要提醒家长的事是,小朋友无法很协调的使用MDI（加压定量吸入器）吸入型药物,往往只是把药喷在嘴里而已。这时候我们就要替孩子准备一个吸药辅助舱,先把药装好在吸药辅助舱上,然后孩子只要在罩住辅助舱的状态下自然呼吸10次,就可以把药都吸到了!

　　◆气喘发作时的急救缓解药物

　　• 短效性β2交感神经促进剂

　　这个药物平常在家里就要准备好,学校保健室也都应该准备,孩子若有急性发作的时候就可以救急。常用的如：备劳喘,用喷的外加一个小吸药辅助器,是最有效方便的给药方式。

●副交感神经抑制剂

如定喘乐定量喷雾剂,它可以帮助扩张支气管的口径。一般是当已经用短效性 β2 交神经促进剂还未完全有效时,再加入合并使用。

一旦孩子气喘已经发作,常常要用高剂量类固醇去停止它的发炎反应,因为如果一直让它发炎下去,最终将导致气管的重塑与变形,所以使用口服或注射型类固醇也是急性发作时的必要药物;家长们不必闻"类固醇"色变,正确适时的使用类固醇才是对孩子最好的做法。

小贴士

轻松育儿小撇步

什么情况必须立即送医院急诊呢?

每 10 分钟使用一次备劳喘喷剂,连续三次后仍然会有呼吸急促的情况。

孩子已经喘到无法说话、坐立难安,同时脸色苍白、唇色不红。

孩子已经显出烦躁、意识混乱、心跳加速、呼吸微弱的症状了。

造成鼻塞、流鼻水、眼睛痒的过敏性鼻炎

◎令人难受的常见过敏疾病

过敏性鼻炎是另一个令小朋友难受的过敏症，也是成人中比例最高的过敏疾病。只要天气、温差、湿度变化太大，鼻子马上就鼻水猛流、鼻子不通、眼睛瘙痒、头昏脑涨，整天都不能专心做事；到了晚上睡觉的时候，一躺下来，两个鼻孔马上就塞住，呼吸困难。

其实有过敏体质的人在新生儿时期先是以肠胃症状来表现，如对牛奶蛋白过敏、呕吐、腹胀、血便等；接着三四个月大开始有异位性皮肤炎；到了幼儿时期可能就会有气喘，3 到 5 岁为气喘儿童发病的高峰期；长大以后在学童时期，大多数有气喘的孩子都已经得到很好的控制了；而过敏性鼻炎则渐渐成为主要的过敏症状，大约 10 岁为发病的高峰期，并且会一直持续到成人。

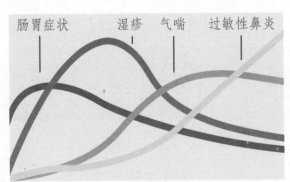

过敏疾病的盛行率似乎日渐上

升,学者研究台湾地区学童过敏疾病从 1985 年到 2007 年之间的改变,可以看出来这样的趋势:

	1985 年	1994 年	2007 年
气 喘	5.1%	10.8%	20.3%
过敏性鼻炎	7.8%	33.5%	50.6%
异位性皮肤炎	1.2%	5.8%	12.9%

你看,几乎一半的儿童有过敏性鼻炎。气喘的学童也占有五分之一,真是个惊人的数字。

◎如何判断过敏性鼻炎?

过敏性鼻炎的症状最重要就是流清清的鼻水,还有打喷嚏、鼻塞、鼻子痒,所以小朋友会经常用食指把鼻头向上搓,以把鼻腔撑开让它通畅一些。因为反复做这一个动作,会使鼻头出现一条横向的折痕。有的小朋友因为痒而一直扭鼻子就好像在做鬼脸一样;还有很多人会有黑眼圈,这是因为眼睛周围静脉血液回流不良所造成的;或是张口呼吸使得喉咙干痛,或结膜炎使得眼睛红肿流泪等症状。如果我们采样鼻腔的分泌物就会看到很多代表身体处于过敏反应的"嗜伊红性白细胞"。但是若小朋友的症状只有在单侧鼻子,还有黏鼻涕倒流到喉咙引起咳嗽,或是流绿色脓鼻涕,或嗅觉丧失,我们就要注意是否有并发鼻窦炎,或是有其他鼻子方面的问题,应该要再详细检查!

孩子患有过敏性鼻炎，
平时该如何预防及治疗呢？

◎避免接触过敏原

我认为最大的过敏原就是温差与湿度了，所以我常建议家长在早晨小朋友起床时就先在被窝里戴好口罩再出被窝，不要让他一掀开被子马上吸到冷空气，立刻喷嚏打不停，继之鼻水流不停，接下来整天都完蛋了。我们应该戴着口罩、穿好衣服、活动开来，等整个鼻腔都适应环境温度了再拿下口罩去洗脸、刷牙、吃早餐，这样就可以避免温差对鼻子造成刺激使得症状发作。

我还常问家长一个问题，却鲜少有人答对，那就是"冬天晚上孩子在睡觉的时候可不可以在房间内除湿呢"？答案是："当然要除湿！"很多家长会问："人在房间里面不是不能除湿吗？这样人会太干啊！那放一杯水在床头好了？"其实这就是一个认识误区。想知道会不会太干就应该要买一支湿度计呀！我建议家长们这是必需的基本配备，你要准备一支灵敏的湿度计测测孩子的房间湿度，维持在 50%~60%；特别是晚上睡觉时更要加强除湿，因为冬天的晚上温度低、湿气重，而过敏的症状就是夜里会特别厉害，所以晚上房里当然要除湿！不过有经验的父母都知道，只要除湿机一关，湿度马上回升，所以冬天夜里房间往往只会太湿，很少会太干。所谓放一杯水只是自我安慰的做法，好好利用湿度计就对了。

其他的呼吸道过敏原诸如尘螨、真菌、猫毛、季节性的花粉、家里有人抽烟、都市里汽车排放的废气、沙尘暴等等,如果孩子对这些有明显过敏反应就要尽力避免接触。

◎过敏性鼻炎的分类

依照过敏性鼻炎对生活质量的影响,可以分为间歇发作型及持续发作型:

间歇型	持续型
症状每周＜4天	症状每周＞4天
病程持续＜4周	病程持续＞4周

依照症状发作时的严重度又分为轻度与中重度:

轻　度	中重度
睡眠正常	睡眠影响
日常生活正常	日常生活影响
不影响上课学习	影响上课学习

◆间歇型

症状轻度:只要在不舒服的时候用一下口服抗组织胺就好了。症状中重度:可以用口服抗组织胺加口服鼻黏膜血管收缩剂。

◆持续型

因为症状都一直存在，会造成很大的困扰，所以除了上述口服药之外，还要配合鼻喷剂才行。

◎对抗过敏性鼻炎的药物

若发作的症状为轻度的，可以用过敏细胞肥胖细胞稳定剂喷剂，它很安全，但是它一天要喷 3~4 次，效果又较慢，所以小朋友常常用不了多久就没有耐心用了。另外还有类固醇鼻喷剂，对小朋友鼻子痒、鼻塞、流鼻水都有效，是治疗过敏性鼻炎的一大利器，这两种都可以用于 2 岁以上孩童。实验观察使用类固醇鼻喷剂后，身体吸收率是"零"，所以并不会对生长发育有任何影响。使用类固醇鼻喷剂一开始要持续使用 14 天，使鼻黏膜维持稳定的状态；14 天后检查使用的成效，如果效果很好，接下来可减量使用并继续治疗一个月，一个月后如果已经很好了就可以尝试暂停一阵子，以后再视状况来调药。

如果过敏性鼻炎症状是持续的，而且发作的症状是中重度以上明显影响生活作息，治疗上已经用了口服抗组织胺、口服鼻黏膜血管收缩剂、类固醇鼻喷剂 2 周，结果还是效果不彰的时候，可能还要加上短期的鼻黏膜血管收缩喷剂。注意这类药物不可长期使用，通常是用三天停两天，如果还没完全好时可以再用三天停两天；若症状真的是太严重，前面所述都已经用上了还是效果不佳，则还要加上短期口服类固醇 3~5 天，让过敏反应稳定下来。

多吃益生菌，
可改善过敏体质？

◎认识常见益生菌

益生菌，起源于希腊语"for life"，是对生命有益的意思。远古时候的人曾利用益生菌加入乳品中制成发酵奶。1965年经科学家的研究之后发现益生菌确实有它的效用，因此将益生菌定义为："任何可以促进肠道菌种平衡、增加宿主健康的活的微生物。"

其实益生菌是普遍存活在人体肠道的菌丛，它没有致病性，可以和坏菌竞争肠道中的地盘，因此抑制坏菌的生长；益生菌可以在肠道中消化糖类，使肠内环境保持酸性，避免腐败菌在肠道中的增长；益生菌可以产生消化酵素，帮助我们吃进去的食物分解，同时它又可以制造维生素B群、维生素K、生物素、泛酸等等，提供人体必要的微量元素；益生菌还可以改善乳糖不耐症，因为它会帮助乳糖的消化，使乳糖不耐症的人的肠道中溶质浓度下降，就可以减缓拉肚子的情形。近年来益生菌之所以这么畅销的原因，是因为它可能可以调节人体免疫的机制，把有关过敏的Th2淋巴球导向提高人体耐受性的Th1淋巴球，因而避免产生过敏或减缓过敏的症状。也就是因为这层作用，各大厂商无不标榜益生菌拥有神奇的功效。

其实新生儿刚出生时是无菌的，经过接触母亲及外界环境，渐渐地有菌种在宝宝的身上建立。研究显示母乳哺喂的宝宝肠胃道建立的好菌会比较多，所以如果希望孩子体内拥有这些好菌，一开始就要多喂母奶！

◎ 市面常见益生菌种类

我们把市面常用的益生菌简单分成有两大类：一是细菌类，一是酵母菌类。有很多肠内细菌品种拥有益生菌的功能，例如乳酸杆菌属、双歧杆菌属、链球菌属。一些经过很多研究、也常被制成产品的菌种，都是大家耳熟能详的。

◎ 益生菌是否能预防过敏

大家都想知道的益生菌对异位性皮肤炎、过敏性鼻炎及气喘到底有没有效？根据一些国外研究的结论是能稍微减少异位性皮肤炎的机会，但对过敏性鼻炎或气喘则是没有效果。因此专家建议益生菌还不能常规用来作为异位性皮肤炎、过敏性鼻炎或气喘的预防性用药。避免过敏疾病还是应该从环境控制、找出过敏原、避免接触过敏原做起。

◎ 对于益生菌须具备的正确观念

益生菌对于肠胃道的症状确实有治疗的效果，平常小朋友有肠胃道的疾病时，医师也会开立益生菌，不过当肠道症状改善之后就可以不必再吃了。益生菌的效用当然跟使用的菌种及菌量有关，各种菌种的研究都在进行中，菌量则要每克达到有108~1010的菌落数才够。

教 养 篇

孩子教养是关键

如何维系良好的亲子互动

三岁以后,意见越来越多,每天为了他不穿这件衣服、不穿那件裤子、不乖乖坐好吃饭、不要洗澡、不要现在回家还要溜滑梯……僵持不下,这时候的"不要",让你开始感觉,教养孩子不是件简单的事了吗?"教养",到底是对孩子的控制?制约?塑形?……还是对自己的心性、耐心、人格的重新修行呢?随着孩子日渐长大,要用什么角度来面对亲子之间的冲突,甚至手足之间的冲突呢?如何才能让孩子在科技洪流中生存而不沉迷呢?

当孩子关上对外联系的门窗，如何察觉自闭儿？

◎ 如何提早察觉自闭症

现在家长及老师都会注意到自闭与过动，发现有这样症状的孩子也不少，应该要有一些基本观念。"自闭症"的发生率大约每一万个儿童有5到10位，男生是女生的3倍。自闭症发生的原因遗传的因素占很重要的一部分，其他还有怀孕时病毒感染以及任何时期的脑伤都会提高自闭症的发生率，不过很多其实都找不到特别的原因。

简单说，自闭症有三大特征：社交障碍、沟通障碍、固着行为。自闭症因为没有一个什么检查可以马上确诊，医师也多采取再观察一阵子的做法，所以当孩子被确诊时往往都已经很大了。我们希望能尽早诊断出这个问题，尽早让孩子介入治疗！那么在孩子2岁前有没有什么蛛丝马迹可以让家长注意到孩子可能有自闭症呢？首先我先告诉各位正常孩子应该要会的社交技巧：

◆正常的孩童发展

• 6到9个月大，突然听到声音会转头。

• 9到12个月大，叫他的名字有反应。

• 12到14个月大，孩子会协同注意你指给他看的东西，他要什么东西也会比划给你知道。

• 14 到 16 个月大,孩子有什么有趣或得意的东西会秀给你看,有展示的行为。

• 16 到 18 个月大,会玩假装的社会化游戏,例如拿香蕉当电话筒讲电话、假装喂宝宝喝奶奶。

◆ 自闭症的症状

自闭症的孩子在这些沟通及社交的技巧都缺乏,其实在他们很小的时候就有一些不同于正常孩子的表现:

• 在 6 个月大之前,对于逗弄反应漠然,你会觉得他总是很安静,没什么情感的表达。

• 6 到 12 个月大,宝宝脸上的表情很少,陌生人抱他、与主要照顾者分开他也不会哭,无法从大人的脸色去感受人家的情绪,不喜欢身体的碰触及安抚,指东西要他看他也不会看。

• 12 个月到 24 个月大,开始有一些异常的肢体姿势如斜眼看人,还仍经常咬、舔东西,脱离不了嘴巴的感官;一直反复转圈圈,一直重复做同一件事也不会累,好像一直活在自己的世界里,会躲避别人的眼神,不会比、不会秀、不会展示东西给你看,不会用肢体语言表达需求。

• 2 岁之后,仍不会讲话,很固执于特定的行为模式,如果改变它就会愤怒及哭闹,不会玩假装的社会化游戏。

这些症状只要你有概念并多用心观察,一定会察觉出异样,这样就可以早一点带去让专业的医师诊断。

我的小孩坐不住、安静不下来,这是过动吗?

◎好动与过动的不同

另外一项有关儿童发展要注意的重要问题就是"注意力缺失过动症"。在门诊常有家长带一岁多的孩子来找我问说:"这小孩坐都坐不住,是不是过动啊?"我都会告诉他"孩子这个时候就是好动,不是过动"!

"注意力缺失过动症"的行为因为多和团体生活有关,所以我们要诊断这个病经常要等孩子上学之后,通过老师及父母的观察,来作为诊断的依据才行,家长不必担心得太早。

"注意力缺失过动症"包含三个方面:注意力缺损、过动及冲动。如果孩子上学后怀疑有这个问题,我们会给老师及父母一个量表回去填写,我列举一些给你参考,但真正的诊断还需请儿童心智科或儿童神经科的医师帮忙!

◎注意力缺失过动症的症状

◆注意力缺损
- 无法专注于细节的部分,做作业时会出现粗心的错误。
- 很难持续专注于游戏活动。

• 看起来好像没有在听别人说话,在日常生活中经常忘东忘西。

◆ 过动

• 经常在座位上玩弄手脚或动来动去。

• 在需要持续坐着的场合任意离开座位。

• 在不适当的场合乱跑、爬高爬低。

• 经常讲太多话。

◆ 冲动性

• 老师问题还没问完就急着抢答。

• 无法排队等待。

• 经常打断或干扰别人。

• 易怒或容易被别人激怒。

上述这些症状持续超过 6 个月并明显造成学习或社交障碍,就可能是"过动"。一旦诊断为"注意力缺失过动症"就要好好治疗。临床上认为药物治疗的效果远大于行为治疗,行为治疗的效果又远大于完全不理会它。现在已经有很好的药物可以帮助孩子专心上课、不干扰同学并且副作用很少,因此在专科医师的协助下,孩子的过动症可以获得很大的改善,专注力变好了,人际关系变好了,对孩子有很大的帮助!

经过我的一番提醒,相信家长对幼儿的"自闭症"或"注意力缺失过动症"就有一些基本概念了,你可以按照上述列举的要项来检查自己孩子的情况!

考验父母智慧的手足冲突

◎与生俱来的特质

手足之间如何相处一直是教养孩子的一门重要学问,面对手足之间的合作与冲突,我们首先要有一些认知:每个孩子都有自己与生俱来的特质,有的纤细敏感,有的随遇而安,有的爱照顾人,有的渴望被爱。大人最重要的就是要看出孩子的特质,然后依照孩子的个性差异去引导他发展,千万不要反其道而行。所以我常感觉,做父母真的需要非常聪明、非常用心才能带好孩子。举例来说,年幼的小孩经常为了吸引注意,而变得比较爱黏人甚至比较皮,为了得到妈妈的爱,越是会做些事来吸引妈妈,如此等等。

◎给老大多一点疼爱

家中第二个孩子的诞生常常会带来感情的冲突,老大可能会憎恨弟妹分去了爸爸妈妈本来只给他的注意力,弟妹也可能会憎恨哥哥姐姐所拥有的能力和支配权。做老大的永远也不会想到在弟弟妹妹出生之前,妈妈也曾全心全意爱他一个人;他现在看到的是有了弟弟妹妹之后,妈妈就用大部分时间去爱弟弟妹妹而忘了他。做父母的,不要总是忽略老大的感受,不要总期待他要懂事,我建议父母一定要特别拨出时间来跟老大来个"秘密的小约会"。借着小约会让老大重温父母只爱他一人时候的旧梦，也好让父母重新审视自己是不是很久没有好好爱老大了，是不是对老大有太多苛责了。你们可以好好谈心，好好拥抱，只是一小段时间，就可以让孩子有足够的安全感与充分的被爱感，重新与父母建立起深厚的感情。你会发现，老大原来还是这么可爱，因为你对他好，他就越想表现得更好给你看，这是一种良性的循环。回过头来，老大也会主动对弟弟妹妹更友善。

研究发现老大如果比弟妹年长较多，往往比较会照顾弟妹，弟妹也比较愿意接受大他四岁以上的哥哥姐姐的指导；两个如果只相差1~2岁，彼此往往会各行其是或比较会争吵。所以如果计划怀第二胎，我建议不妨间隔开一点，老大将会是你的好帮手！

◎手足之间的互动行为

◆令大人称许的行为

如分享、拥抱、合作。

◆竞争行为

如争吵、争宠、打架。

◆模仿行为

常见的一种模仿是老大因为弟妹诞生之后，突然有很多退化行为，如变得爱吸手指头、会尿床、要妈妈抱在怀抱里吸奶瓶，因为他看到弟妹这样可以得到很多妈妈的照顾，所以他也要这样。这时候请千万不要斥责他，不然他将变得更退缩，更没有自信，或是生弟妹的气。他所需要的是更多的关怀去建立起信心，所以我们要鼓励他，他就能渐渐接受自己已经长大了，而不再有模仿弟妹的退化行为。

反过来看,小的也喜欢模仿大的,因为通过模仿,他能得到快乐,而大的被模仿却并不一定会开心,因为他觉得自己的好点子老是被偷走,所以一幕大的很跩不理小的、小的在后面紧紧跟随的画面就出现了。这时我们会觉得老大为什么不接纳弟妹呢?其实大的只是想要拥有主导权,要弟妹听他指挥。遇到这种情形大人总是很想出手救小的,但是我建议,只要他们玩得开心,大人还是不要过度干涉!

当孩子们自己在一起的时候,他们通常相处得较好,当大人在场的时候总是吵得莫明其妙?这显示兄弟姐妹之间的纷争有很多时候是为了得到父母的注意,所以了解孩子这种心理,你就不会动怒,可以平心静气正确处理小孩之间的吵闹行为。我认为只要没有吵到动手的程度,做父母的最好睁一只眼闭一只眼,不要介入,离开他们的战场,他们很快就会停止争吵了。

◎避免互相比较

对于年纪大一点的孩子,家长要注意到要避免互相比较的分别心,因为任何比较都会强化竞争和仇恨,使兄弟姐妹之间嫌隙加深,让教养更困难。

千万不能说"小的就是比较乖"或是"大的就是比较聪明"这类的话,当纠正他时最好不要用"你是哥哥,怎么还会这样"之类的话,因为他会选择性地注意到"哥哥"这个字而产生反射性的排斥,却没有注意到你要指正他的是什么事情。当然,也不要用"弟弟还小,还不懂事,你要让他"的论调,老大最不喜欢听到这种话了。绝对没有大的一定要让小的这种道理。应该就事论事,明察秋毫,公平公正,谁有错就处罚谁,这样才能让孩子信服,教养才能树立威信。

◎给他们相互依靠的机会

更积极正向一点的做法就是替小朋友制造两人相依为命的机会,例如叫兄弟俩去便利商店买东西。很少离开父母、独自出门的孩子,会有点害怕但却又跃跃欲试,一路上他们会很庆幸有个兄弟姐妹可以陪他壮胆,相互依靠,完成挑战。看着他们手牵着手的背影,你会莞尔一笑:成功了!

◎定好规矩适度允许他们吵

你也可以给孩子一些规范,定好家中的规矩,以免他们争吵过头,例如不能动手,不能做出伤人或让自己危险的动作等等,然后给他们一些吵架的空间、一些互相磨合的机会,这可能会是他们互相了解、日后和平相处的基础。但是一旦有人踰越了规矩,就应该适时予以惩罚。

◎手足都有他们自己的缘分

手足是孩子在儿童期彼此学会“依赖与被依赖”和“练习解决冲突”的重要角色。研究也发现虽然手足之间常常出现竞争,但是同时也存在着真挚的情感和关心的行为。我们要相信,兄弟姐妹都有他们自己的缘分,谁比较霸道,谁比较和善,经过磨合,到最后他们之间都会发展出一套相处的模式,会发现一直被欺负的那一个,还是一直要找欺负人的那一个玩,父母所要扮演的角色就是在这个过程中引导他们,不要让他们产生彼此仇恨的心理就可以了。

当亲子冲突发生时 该具备的态度与处理方式

◎情绪失控怎么办？

你是否曾被孩子气到情绪失控？或是对如何导正孩子的行为有着深深的无力感？别难过，我们都曾有同样的感觉！

当孩子两岁以后慢慢有了"自我"的概念，在他的脑袋里全世界都是他的，只要违背了这个信念，就会大吵大闹，不断地挑战你的底限，冲撞你的耐心，非达到目的不能停止。其实这就是孩子在探索这个世界，什么事都阻挡不了他的好奇心。父母生怕孩子受伤，也怕孩子没有被好好管教，担心以后是不是会变成小霸王，于是全心全力照顾孩子而筋疲力尽，但孩子似乎依然活在自己的世界里，让做父母的有强烈的挫折感！

◎惩罚真的有效吗？

身体的惩罚会对孩子造成伤害，还会使父母变成暴力的攻击者，孩子可能会模仿暴力解决问题的方式，而变得会攻击比他年纪小的小朋友。孩子也可能会因为常被惩罚，又躲不开，而对自己感到无助，使得个性变得畏缩，所以用打骂的教育方式是弊多于利。

要先相信自己，所有的父母都会有这样的失控情绪，且根据我的经验,最困难的是就是当下要忍住怒气,没有一位父母是天生就会当父母的,而是慢慢学会的。放松一点面对孩子的教养问题,你与孩子的关系才不会那么紧张。

◎如何控制情绪?

我建议在那脾气上来的当下,请先深呼吸三秒钟,等不那么气了,再来处理这件事,就能更清楚孩子的立场和想法,是真的不懂事犯了大错,还是只是很想被重视、被肯定而做了些事来引起你的注意,或是累了、倦了才闹? 弄清楚原因才能给予适当的教导。我自己常常在孩子惹我生气事过境迁两三天后,再回想起当时的情形,我会发现,其实孩子也没那么坏,事情也没那么严重,只是我当时太激动了。

◎如何导正孩子错误行为?

其实教养孩子并没有一定的准则,在你们家认为是犯错的事,在他们家却可能觉得没什么问题; 在这个年龄妈妈认为要规范孩子的行为,在爸爸可能觉得是孩子的天真,无伤大雅。所以我会建议不要太严肃面对教养孩子的课题。不过我们也不能采取完全放任的态度。我在门诊看到很多例子是父母完全顺从孩子,结果孩子表现出的行为是满脑子以自我为中心,完全不能体会别人心情、不会替别人着想,这些孩子会认为自己是最重要的,全世界都应该围着他打转。这并不是我们所乐见,因为这样的人格养成对他日后的人际关系一定会有负面影响。当看到孩子真的有错,你想导正他时,有几个原则:

◆确实诊断

你得明察秋毫,未确定原因之前不要先指责孩子,这样会失去孩子对你的信任,以后孩子也很难再信服你的管教。

◆态度一致

和孩子约定规则之前要仔细考虑,是否自己和孩子都能持续做得到? 一旦约定了就要确实执行。若父母对这个规定有时疾言厉色,有时又视若无睹,有时还跟他一起做违反规定的事,这样孩子就会无所适从,猜不透父母哪句话才是认真的。而且还会因为所有的喜好、奖励、好处都掌握在大人的手中而对自己感到无力、没有信心,只会想办法从夹缝中学到如何跟大人耍赖、撒娇来得到他想要的东西,却无法练习从固定的规则中学习约束自己、规划自己的生活。

◆有建设性的教导

责备孩子的目的并不是要孩子怕你,也不是因为你要帮他收拾残局而向他发泄情绪,目的是希望帮助孩子了解这样的行为会导致自己的损失或别人的不舒服,并引导他想出若下次能怎么做就能皆大欢喜。这样的心态比较能帮助父母"就事论事",避免大人发泄式的长篇大论及批评孩子。

◆同理心的聆听

有时候你已经气到无话可说,打过骂过照样无效的时候,不妨试试这招:"妈妈(爸爸)去洗把脸,回来再听你说。",在洗手间把自己的怒气洗掉,跟镜子里的自己约定,不论孩子说什么,"绝对不批判",然后回来静心地"听"孩子说。只要能做到"不批判",而且"听得够久",一定能听见孩子的心声,发现孩子的单纯,找到孩子两岁以前的那份天真无邪。你会发现你的谆谆教诲孩子其实已经听进去了。

◎父母的教养方式分析

心理学家把父母的教养方式分成三种,借以分析家长不同的育儿方式与日后儿童社会能力的相关性:

◆独裁式的父母

严格控制孩子的行为和态度,要他们服从一套绝对的标准,如果做不好就要受惩罚。结果这种方式教养下的孩子变得较畏缩、较不信任人、较无法对一件事做出明白果决的决定,只是非常在意父母的反应。

◆放任式的父母

这类父母是不支配、不要求,相当温情,尽量让孩子自己节制自己的行为,并且从不处罚孩子。结果他们的孩子自我控制能力最低,无法确定自己的决定是对是错,因此常会感到焦虑。有时候如果父母要他自己作决定却又不满意他所作的决定时,将使孩子感到无所适从。

◆主权式的父母

这类型会引导孩子尊重他人,也尊重孩子独特的人格。定下一些标准或生活规则,但维持标准的态度很坚定,同时会给予有限度的惩罚,结合了控制与鼓励。结果这种方式教养出来的孩子最有安全感,知道父母的要求在哪,会评估自己是否达到预期。他们可以经过完成自己的责任而获得成功的满足感,也可以想想自己如果要冒险做坏事是不是值得。这些小孩后来都较有自信,较能果决地自己作决定,也较能自己制定目标,然后把它做好。

3C科技有趣又便利，但长期依赖会对孩子造成不良影响！

◎日新月异的科技洪流

便利的智能型手机，多功能加上声、光、色的平板计算机，相信各位家长都已体验到它们在生活中带来了不同层次的便利；但不可否认的，在我们认真做"低头族"的时候也多少有些忽略或减少了对孩子的照顾和陪伴。身为父母都这样难以抗拒了，可以想见这些"东西"对孩子的学习模式、思考模式、生活习惯会有多大的影响！

◎3C产品改变了亲子互动

你有没有检查过这些电子产品是怎样改变着我们的生活还有亲子互动？开车时孩子吵闹，给他一个智能型手机，他马上安静下来，还灵巧地划来划去，自己摸索出各种游戏的玩法。但是渐渐地，在家无聊时，孩子只想玩计算机游戏，那些不会动、没声音的书啊、玩具啊，都再也提不起他的兴趣！在路上尖叫哭闹要你给他平板计算机，在家族聚会中安安静静窝在角落玩手机，不愿参与家庭互动。这其实是一种"戒断症候群"，我们都不希望这样，所以不管是自己与孩子都得对3C用品建立正确的使用观念。

◎尽量延后孩子接触计算机、电视的年纪

有位鲁道夫·史丹勒博士创立的"华德福教育系统"，我很赞同！它强调孩子身心灵的整体教育，反对在孩童早期就灌输太多知识。而是要训练孩子怎么观察、思考，用实际动手、接触的方式来学习。

小朋友的脑细胞在 3 岁以前会以惊人的速度发展，之后的三至四年脑神经成长、链接的速度就渐趋平缓，直到七岁左右大部分已发展成形。所以我们应该把握这段黄金时间去开发孩子的大小肢体动作、身体感官能力、想象链接能力、语言人际关系，这是计算机屏幕做不到的！

孩子的脑波大多属于平缓的 α 波（8~10Hz），也就是人在心情平和、愉快或平稳入睡时所出现的脑波；而现代人白天接收太多压力、刺激后产生失眠时的脑波则多是 β 波（55~60Hz）。有人在孩子使用电玩后观察他的脑波，发现长时间使用电玩的孩子大多会出现 β 波，而且比较会出现烦躁不安，偏向对立、批判的情绪。足以见得长期使用计算机对小朋友是有害处的。现在儿童心智科、儿童眼科医师及许多幼教学者都认为三岁前不该碰 3C 产品才对。

虽然医学上对"电磁波"或电视、计算机这类单向、高频的声光刺激对脑神经发展的影响没有正式的研究报告，但从以上这些大脑的正常生理可以隐约推敲出蛛丝马迹。

其实不需要担心若不让孩子提早接触，以后会跟不上人家，因为孩子日后接触高科技产品的机会多的是，那些软件都很容易上手。

◎教孩子"有目的"地使用电子产品

这就是教给孩子在科技洪流中生存的技巧！不要以为孩子还小，我

们说太多道理他听不懂,事实上孩子在幼儿期是人生中最容易塑形的时期。

◆父母本身对电子产品的使用态度

平板计算机是爸妈工作的工具? 爸妈娱乐、打发时间的工具? 抑或是忙碌时用来打发孩子的工具? 借由父母的行为、生活习惯中透露出的讯息是最大的影响力,孩子会从中模仿学习电子产品在生活中的定位,所以我们希望孩子不要沉迷于计算机游戏,最根本的方法就是自己不要玩!

◆每次接触时认清使用的目的

例如要查明天的天气如何,要写一封 email 给老师,查到并且写好了,就离开计算机。小孩要用计算机,要在玩之前先约定好,这次要玩多久,玩好就要关起来,避免让孩漫无目的地在网络世界中随意点看。

在孩子心中塑造"利用计算机只是用来达成自己某项需求"的想法,不要小看在孩子启蒙时期对事物观感的塑形,只要每次接触计算机时都提醒计算机不是完全没有坏处的东西,潜移默化之下,可以很有效地避免长大后沉迷网络的问题。

◆事先约定好使用的时间

刚开始可以放一个有指针的小闹钟在旁边,小朋友对时间的长短还没有概念,跟孩子约定"长针走到数字几时,就要关起来"。在此过程中父母在旁陪伴,也可一面观察孩子接触到什么内容,时间到了可加减宽延一点时间,这样可以减少孩子因为玩得太高兴,感觉时间没有过了你说的那么久,或是玩到一半硬生生地被剥夺的感觉。这样可以让孩子较容易遵守每一次约定好的时间。

◆生活中的实际案例和孩子一起讨论

例如看到有小朋友哭闹要爸妈给他玩平板计算机,或在餐厅看到邻桌的一家人,吃饭互不聊天,各自盯着自己的手机边看边吃……提出来跟孩子讨论,让孩子心里有对这件事好坏的思考,才能巩固孩子在以后面对更多的高科技产品,既能利用它,又不迷失自己。

轻松育儿小撇步

电子产品的普及与运用势不可挡,总括来说我们要有什么正确的观念呢?

- 利用它,而不被它利用。

- 不要拿它作为打发孩子、让孩子安静的工具。

- 每次使用电子产品都要有特别的目标。

- 它只是工作、教学、休闲众多方式中的一小部分,不要让它占有太大的比重。

- 要注意孩子各方面的均衡发展。

一哭马上就抱，会容易惯坏小宝宝吗？

◎ 了解小宝宝哭的原因

当宝宝夜里没来由乱哭一通时，首先要确定两件事：一是宝宝有没有发烧，二是宝宝有没有疝气。男宝宝发生疝气的位置就是在鼠蹊部肿一个包，大家都很清楚，记住女宝宝也是会疝气的！女宝宝疝气的位置就是在大阴唇附近肿一个包。男宝宝疝气的原因是肠子掉进腹股沟，而女宝宝除了肠子掉下来之外还有可能是卵巢掉下来！因此女宝宝发生疝气时比男宝宝更需要加倍留心！

◎ 如何让宝宝停止哭泣

如果你已经回答了我的两个问题，答案都是"没有"，而且也找不出特别原因的话，那么接下来就只是如何让他停下来的问题了。哭泣的宝宝可以给他听"低沉而嘈杂"的声音，他就会停下来，为什么呢？因为胎儿在子宫中打从有听觉开始，就一直听到这样的声音，例如母亲说话的声音、母亲心跳的声音、母亲肠子蠕动的声音，经过子宫及羊水的传导，高频的声音被滤掉，传到胎儿的耳朵，就只剩下"低沉而嘈杂"的声音，当宝宝再次听到这种熟悉的音调，就会获得安抚。

◎哭是婴儿对外沟通的管道

小宝宝哭了当然是要抱啊！怎可放着让他哭而不努力安抚呢？越是不理他,让他哭到累得睡着,下次他一定以更凶猛的哭声再次挑战你的极限！细心的妈妈可以分辨出宝宝的哭的原因。婴儿就是通过哭来与人沟通,以及利用哭作为获取所需的一种手段。

研究显示,当婴儿以哭来表达他们需要的时候,若是可以经常报以温柔的抚慰,正确地满足其需求,宝宝经由"哭得到满足"这样的正向回馈,发现自己是有影响力的,因而产生"自信",以及对主要照顾者的"信任",进而建立了亲密的情感联结。

另外值得一提的是母亲在婴儿心理发展上所扮演的重要角色。快乐的妈妈可以培育出快乐的宝宝,经常生气的主要照顾者则可能间接影响宝宝的情绪。

◎亲子间的依附关系

亲子之间有一个重要的关系就是依附关系的建立。依附是一种双向、主动,存在于两人之间的特殊关系,双方的持续互动可以更强化彼此之间的联系。依附关系有三种:安全型依附行为、逃避型依附行为以及冲突型依附行为。

和母亲建立起安全型依附行为的孩子通常他们能自在地去探索,有时回过头来看看妈妈,知道妈妈就在那里,他就可以再走到更远的地方继续探索。这样的孩子日后人格的发展会较为正向,他会勇于尝试新的事物,对不熟悉的情境可以抱着肯定的态度。

逃避型依附行为的孩子在妈妈不在身边的时候很少哭泣,当妈妈回来的时候却会逃避她,这些孩子日后常显得对人比较冷漠退缩、自己特立独行的个性。

冲突型依附行为的孩子在妈妈快要离开的时候就开始显得焦虑,真的离开以后会很不安,但是妈妈回来了他反而还发脾气。想接近但又生气,表现出冲突的行为。这些孩子日后可能变得较依赖,较缺乏自信而影响学习。

那么究竟是什么因素使孩子与主要照顾者发展出不同形式的依附关系呢?有的人说是孩子天生的个性不同所致,但更重要的是母亲与孩子之间互动的模式产生潜移默化的效果。如果母亲每次对孩子发出的讯号都能做出回应,就比较能与孩子建立正向的依附关系,通过这种互动的模式,孩子会得到一种自我行动的力量感,以及对自己能力的自信心,双方互相影响、互相加强,慢慢就会建立起安全型依附关系。

反之逃避型依附关系的母亲常常在亲子互动中是易怒的,不习惯和孩子做亲密的身体接触,孩子因为经常遭受拒绝而感到愤怒、无助。

冲突型依附关系的母亲则是往往对孩子发出的讯息做出错误的响应,使得孩子一直要却又一直得不到。

由上面说明你会了解孩子哭泣都是有特殊需求的,而且我们应该尽力满足他,这对孩子会有长远正面的帮助!

小贴士

轻松育儿小撇步

安抚宝宝时你可以在宝宝耳边发出"低沉而嘈杂"的声音,或是给宝宝听电动吸奶器的马达声,他若再不停止哭泣的话,吸尘器的声音或是厨房的油烟机都可以派上用场!

少了"陪伴"，
你与孩子越来越疏远吗？

◎忙碌生活造就了疏离

现代的社会,特别是在都市中,都是以小家庭为主,要像以前三代同堂的盛况,已不复多见。小家庭的生活就是夫妻都是上班族,小孩七八点早早就要跟着要上班的爸妈起床出门,有的被送到托儿所,有的被送去保姆家,好一点的有爷爷奶奶帮忙照顾;工作繁忙又经常加班的爸妈,等到晚上再见到小孩的时候多已八九点了。孩子整天在外面的时间比在家里的时间还多,爸爸妈妈和孩子相处的时间只有一个小时,而且这一个小时也是赶着孩子洗澡上床睡觉,真的静下心来好好相处、聊天谈心的时间等于零!

这是很多小家庭中亲子生活的写照,长久下来亲子关系必然日渐淡薄,家庭教育对孩子行为的影响力就非常薄弱。父母没有练习如何当父母,就不容易训练出教养子女的耐心;孩子没有获得来自父母足够的爱的关怀,就难以建立情感的联结。会发现这样的孩子年幼时经常自顾自地闷闷不乐,长大时就急欲外求寻找同侪的认同,倘若孩子发展出什么逾矩的行为,这时候再要纠正他,恐怕做家长能发挥的影响力也很有限!这样的后果值得我们注意。

◎从小就建立陪伴关系

打从出生的第一刻起,我们就要求妈妈马上可以在产台上抱着宝宝,让宝宝尝试吸吮乳头,因为这是建立亲子关系的第一步,也是陪伴的开始。初生的宝宝天天和妈妈在一起,闻着妈妈奶水的味道,听着妈妈唱歌的声音,宝宝因此拥有安全感;你会发现宝宝特别爱跟妈妈笑,爱跟妈妈讲话,相对地妈妈也从宝宝的回馈里得到满足,这就是亲子的互相陪伴。到了八九个月,孩子只有跟主要照顾者在一起的时候才会有安全愉悦的表情,离开主要照顾者、遇到陌生人的时候就会有分离焦虑的情形,这时候唯有通过更紧密的陪伴,才能与主要照顾者建立起安全型的依附行为,以及建立起对自己和对别人的信任感,这对日后孩子人格发展与个人成就都有深远的影响。

一岁到五岁的幼儿时期,孩子由父母照顾或是交由别人照顾,我认为有绝对的不同。这段时间孩子在快速成长,不论是说话、走路、唱歌、跳舞、吃饭等等,只要每天在他身边一定会发现他的"五天一小变,七天一大变":几天前才从椅子上跌下来大哭一顿,今天却发现他正自己努力小心地从椅子上倒退爬下来;隔几天又会看到他随着手机铃声的节奏摇头晃脑地跳着舞;更精彩的是当他发现你欣赏或鼓励的表情时,他会跳得更起劲儿,还大声笑;这个笑声会让你"上瘾",整天逗他、挠他痒就为了听到这个笑声……孩子的这些成长过程都是不容错过的!

到了小学时,他们更需要陪伴。父母亲的陪伴不是补习班,更不是3C产品能取代的。我知道,大部分家长因为要工作的关系,不能做到这样,但是我们还是要认真思考怎样才能多陪陪小孩。如果不能陪小孩吃午餐,也请不要再错过陪小孩吃晚餐的时光!因为他有一整天的话要倾诉,他很想聊他的老师与同学,他很想让你知道他今天做了什么得意的事,他也很想诉说他今天受了什么委屈,他很可能有什么事情需要找你讨论……不要让他找不到你! 日子久了他就不跟你说心里话了!

◎ 用陪伴加深亲子间的羁绊

"陪伴"还有什么魔力吗? 回想一下,还记得孩子出生第一周那绵绵软软的小身体、暖暖的奶香,眯着眼睛饿得慌乱搜寻奶头的表情,喝饱了满足地像天使般安稳地入睡的表情,大些时他好奇地凝视着你的表情,看到你就安心地笑的表情,这些表情在孩子而言,是父母一路"陪伴"累积出来的信任。这些表情会若有似无地再度浮现在脑海,让你总是原谅他,总是可以静下心来教他。有了这些一路陪伴着他长大的记忆,对自己孩子的爱"会有不同",你一定要尽力拥有这些专属于你和孩子的记忆,不要轻易交给别人!

孩子虽不是你的"缩小版",但他独特的天赋是由你的基因而来,他的生活习惯、思考模式、行为气质是由你的陪伴、教养中一层层像积木般堆叠出来的。他说话有你的口音,他做事有你的影子,这些都是要长久陪伴才会有的。3 岁时你们一起散步会唱着同一个儿歌;5 岁的他会学你用叉子顶着汤匙优雅地吃着意大利面;10 岁时他会用和你一样的口气批评着某个同学乱花钱或不尊敬长辈;20 岁时他在做人生重大抉择时,他会想起你曾经告诉过他的话。